W0467883

Tilo Dilthey

Text-Tuning

Das Konzept für mehr Werbe-Wirkung

BusinessVillage
Update your Knowledge!

Impressum

Tilo Dilthey
Text-Tuning
Das Konzept für mehr Werbe-Wirkung
2. Auflage (unveränderter Nachdruck) 2012

Bestellnummern
ISBN 978-3-86980-114-8 (Druckausgabe)
ISBN 978-3-86980-115-5 (E-Book, PDF)

Direktbezug unter www.businessvillage.de/bl/838

Bezugs- und Verlagsanschrift
BusinessVillage GmbH
Reinhäuser Landstraße 22
37083 Göttingen
Web: www.businessvillage.de

Layout und Satz
Sabine Kempke

Coverentwurf
Dilthey & Partner PartG

Druck und Bindung
AALEXX Buchproduktion GmbH, Großburgwedel

Inhalt

Über den Autor

Tilo Dilthey hat viele Pionierkonzepte, bekannte Marken und Slogans entwickelt. Nach einer Karriere in internationalen Großagenturen gründete er die Düsseldorfer Konzept- und Werbeagentur Dilthey & Partner. Schwerpunkte seiner Arbeit sind Beratung, Konzept- und Textentwicklung für Unternehmen und Institutionen in den verschiedensten Bereichen.

Seit 1995 gibt er zusätzlich in Seminaren und in Einzel-Coachings sein Wissen weiter.

Kontakt:
E-Mail: mail@dilthey.de
Web: www.wirkungstext.de, www.dilthey.de

Statt eines Vorworts

„Deine Sprache verrät Dich."

(Matthäus-Evangelium – die Mägde zu Petrus, nachdem er drei Mal geleugnet hat, den Mann aus Nazareth zu kennen.)

Unsere Sprache erzählt mehr als wir sagen wollen. Herkunft, sozialer Status, unsere Art zu leben und zu denken, all das prägt unsere Ausdrucksweise. Und macht sie zu einem Spiegel unserer Persönlichkeit.

Das soll auch so bleiben. Stehen Sie zu der „Eigenheit" Ihrer persönlichen Sprache.

Mit dem Selbstbewusstsein zu einem „freien" Schreiben werden die nachfolgenden Empfehlungen Ihnen helfen, Ihre eigene Kreativität, Ihr persönliches Talent zu fördern und zu entfalten.

1.

Grundvoraussetzung für jeden Werbeerfolg: Der Nutzen

Ohne Nutzen nützt nichts

Sagen Sie nicht, das sei banal. Die Aussage ist zwar banal, weil man die Forderung nach dem wirksamen Kundennutzen in jedem Erstsemester des Marketings hört. Erstaunlich nur, wie oft der Nutzen in der Praxis fehlt. Oder aus Bequemlichkeit ein Pseudonutzen eingesetzt wird.

Beispiel:
Unsere überragende Qualität ...
Unser überzeugender Service ...

Diese Worthülsen gehören in die Tonne. Damit können Sie noch nicht einmal ein ordentliches Kaminfeuer entzünden, geschweige denn eine erfolgreiche Werbekampagne. Wenn Sie als Kundennutzen eine hervorragende Qualität anbieten, dann ist sie bitte titangehärtet oder von Stiftung Warentest mit sehr gut bewertet oder was auch immer. Auf jeden Fall aber: Konkret und belegbar.

Und statt eines engagierten Services bieten Sie bitte den 24-Stunden-Service oder einen Service, der in spätestens einer Stunde bem Kunden zu Hause ist oder der im ersten Jahr kostenlos ist oder ... oder ...

Egal, wofür Sie werben: Wenn Sie erfolgreich sein wollen, müssen Sie wissen, welchen Nutzen Sie bieten. Und welches Motiv Sie bei Ihrer Zielgruppe ansprechen wollen. Immer! Menschen machen nichts ohne Eigennutz. Aber Vorsicht: Eigennutz heißt nicht Egoismus. Der Blutspender, der Feuerwehrmann, der Arzt oder der Schenker: Sie alle handeln zum Wohle anderer Menschen. Und ziehen daraus eine große Befriedigung für sich selbst. Das ist ihr Eigennutz.

Praxisübung:
Überzeugen Sie sich selbst, wie oft der Kundennutzen in der Headline fehlt. Nehmen Sie eine beliebige Print-Publikation und schauen Sie sich die Anzeigen an. Sie werden – leider! – etliche Anzeigen finden, die keinen wirksamen Kundennutzen versprechen.

Nutzen kommt zuerst. Immer und überall

Also ganz konkret in Ihrer Headline. Oder Ihrem Betreff. Maximal drei Sekunden hat der Nutzen Zeit, Ihre Zielperson zu interessieren. Er ist bildlich der Speck, der das Mäuschen zum Schnuppern bringt. Oder es verjagt.

Wenn ich Ihnen eine Harley Davidson verkaufen will, dann fange ich auch nicht in meinem Verkaufsgespräch mit dem Chassis oder den Reifen an. Obwohl ohne sie natürlich das ganze Motorrad nichts taugt. Vielmehr lade ich Sie zuerst zu einer Probefahrt ein. Wenn Sie dann der Fahrtwind berauscht und Sie mit Schwung in die Kurve gehen, dann werden Sie von selbst danach fragen, für welche Geschwindigkeit und Straßenlage Reifen und Chassis gebaut sind.

Deshalb fange ich auch in diesem Buch mit dem Wichtigsten an, der Erfolgsbasis für jede Art von werblicher Kommunikation: **Nutzen. Und Alleinstellung.**

Nutzen und Alleinstellung sind keine textlichen Techniken, sondern unabdingbare Voraussetzung für jede erfolgreiche Kommunikation. Gleichgültig, ob Sie einen Text, eine Präsentation, eine Rede oder einen Liebesbrief schreiben.

Um eine erfolgreiche Alleinstellung entwickeln zu können, müssen Sie sich selbstverständlich mit Zähigkeit und Fleiß durch die einzelnen Faktoren des Briefings beißen. Aber zuerst möchte ich Sie dazu motivieren zu erkennen, wie hilfreich und marktentscheidend eine gute Alleinstellung ist. Und wie sehr sie die Ideenfindung im kreativen Prozess erleichtert. Dann werden Sie von selbst Appetit auf das Briefing bekommen. Und es so auseinandernehmen, dass Ihnen jedes Detail nützlich ist. Statt sich an der vermeintlich trockenen Pflichtübung frustriert die Zähne auszubeißen.

Wenn Ihnen jedoch das lineare Lernen mehr liegt, dann lesen Sie zuerst in Kapitel 3 die wichtigsten Briefinginhalte, bevor Sie sich mit Kundennutzen und Alleinstellung befassen.

So motivieren Sie wirksam Ihre Zielgruppe

Was bewegt Menschen dazu, Blut zu spenden? Als wir seinerzeit die erste private Blutbank in Deutschland betreuten, mussten wir uns zwangsläufig mit der sehr komplexen Motivation von Blutspendern beschäftigen.

Als verbindende Klammer fanden wir letztlich den Stolz der Blutspender, etwas für die Gemeinschaft zu tun.

In der Werbung, die wir entwickelten, wurde dieses Motiv zentral angesprochen – verstärkt durch den Hinweis auf den eigentlich kleinen Aufwand, den der Blutspender zeitlich leisten muss:

„Eine Stunde Ihrer Zeit kann ein ganzes Leben retten."

Die Wertschätzung der Spender. Sie ist Kern der Marketing-Konzeption und wurde bis in jedes Detail realisiert – einschließlich Gestaltung der Ehrennadel.

Ein anderes Beispiel: Mitglieder für Naturschutzverbände werben Sie dann am erfolgreichsten, wenn Sie ihnen das Gefühl geben, sie helfen mit, die Welt zu retten.

Auch wenn Sie als Personalchef einen Manager suchen, sind Sie bekanntlich gut beraten, nicht nur auf die materiellen Anreize einzugehen. Vergütung und bestimmte Boni sind ohnehin selbstverständlich. Der berufliche Gestaltungsspielraum jedoch und die langfristigen Entwicklungsperspektiven sind für die Zielperson oft viel wichtiger.

Menschen sind in der Regel ohnehin komplexer gestrickt als man glaubt. Der wirksamste Kundennutzen ist keinesfalls immer die dickste Wurst, mit der Sie die Leute locken.

Ein erfolgreich eingesetzter Nutzen hat deshalb sehr viel mit Analyse, mit Einfühlungsvermögen und mit Kenntnis der Zielgruppe zu tun. Erst auf dieser Basis ist dann auch Ihre Formulierungskunst gefordert, um diese Schokoladenseite nicht nur glaubwürdig, sondern auch attraktiv glänzen zu lassen.

Diese Aufgabe wird noch spannender, da Sie oft mehrere Zielgruppen ansprechen müssen. Bei der Blutbank waren natürlich die Ärzte und Krankenhäuser weitere Zielgruppen. Sie bezogen die Präparate der Blutbank.

Da für Mediziner die Qualität der Blutspender und der Blutpräparate entscheidend ist, war hier keine gesonderte Werbung notwendig. Die Präparate verkauften sich fast von selbst.

Einige Beispiele für überzeugende und weniger überzeugende Nutzen

Abbildung 1: „Ich bin 100 Banken“, Anzeige von Interhyp in *Der Spiegel* 4/2010 vom 25.01.2010

„Baufinanzierung: Ich bin 100 Banken."

Sagt Interhyp.
Na und? Sagt möglicherweise der Verbraucher, der keine Lust hat, im Fließtext nach des Rätsels Lösung, also nach dem Nutzen zu suchen. Ich brauche nicht 100 Banken, sondern nur eine.

Dieser Einwand mag auf den unbefangenen Leser wie das Rasieren einer Stachelbeere wirken. Ist doch die Kampagne medial so präsent, dass ein Großteil der Zielgruppe inzwischen auch ohne primäre Ansprache des Nutzens in der Headline den Nutzen kennt. Würden die Anzeigen weniger häufig und weniger breit gestreut, wäre es durchaus lohnend, in der Headline den Nutzen herauszustellen. Der Nutzen ist, dass Interhyp für den Bauherren die günstigste Baufinanzierung herausfindet. Indem das Unternehmen beispielsweise die Konditionen bei 100 Banken abfragt.

In diesem Fall wäre die klare Aussage eine diskussionswürdige Alternative. Sinngemäß:

Baufinanzierung: Ich finde unter 100 Banken die günstigste für Sie.

Die „günstigste". Vorsicht. Wenn Sie solch eine Alleinstellung benutzen (das Günstigste, das Beste, das Sicherste etc.) muss diese Aussage auch stimmen. Oder Ihnen droht eine einstweilige Verfügung.

Es gibt immer die Möglichkeit, dass ein einzelner Bauherr allein oder durch einen anderen Dienstleister eine noch günstigere Baufinanzierung findet als Interhyp. Sie sollten diese potenzielle Falle also meiden.

In diesem Fall kann die Aussage wahrscheinlich trotzdem bestehen bleiben, da Interhyp ja unter konkret 100 Banken die günstigste findet. Und nicht die günstigste insgesamt, bezogen auf alle Banken.

Hier steht die ungewöhnliche Aussage (ein Mensch ist 100 Banken) gegen eine klare Nutzen-Botschaft (die günstigste Baufinanzierung).

Abbildung 2: „Der neue Toyota Yaris Life.", Anzeige in *Der Spiegel* 4/2010

„Einfach genial.
Der neue Toyota Yaris Life."

Was ist am Toyota Yaris genial? Die Ausstattung? Der günstige Preis? Überlassen Sie den Nutzen nicht der Interpretation Ihrer Zielgruppe.

Ein Beispiel für „Marketising“ (Marketing & Advertising):

Abbildung 3: Siemens-Anzeige in der *Süddeutschen Zeitung* vom 18.03.2010

„Wird sich (mein Enkel) Max in meinem Alter eine gute Behandlung leisten können?“,
fragt sich die Großmutter, die in einem Krankenhaus weilt.

Antwort von Siemens:
„Wir sorgen weltweit für bessere medizinische Versorgung bei geringeren Kosten: Mit innovativen Technologien und effizienten IT-Lösungen."

Das sind nicht ein, sondern mindestens vier oder fünf Nutzen:
- Weltweit.
- Bessere medizinische Versorgung bei geringeren Kosten.
- Innovative Technologien.
- Effiziente IT-Lösungen.

Diese Headline ist ein typisches Beispiel für „Marketising". So bezeichnen wir Werbung, die im Wesentlichen das Marketing-Briefing wiederholt, statt eine eigenständige kreative Idee zu entwickeln.

Dieses Dilemma wird Ihnen häufig im High Tech-Bereich begegnen. Ingenieure und Wissenschaftler haben oft nur begrenzt Verständnis für die Vereinfachungs-Zwänge der Werbung.

Hier ist Ihre Geduld gefordert. Und Ihre Überzeugungskraft, dass in der Headline nicht alles Wichtige, sondern nur das Wichtigste stehen soll.

Gemeinsam mit dem Kunden kann man solche Botschaften durchaus verdichten, sinngemäß:

„Wir sorgen für bezahlbare Top-Versorgung in der Medizin."

Damit hat man einen einfachen und klar kommunizierbaren Nutzen. Die Begründung können die Zielpersonen dann im Bodytext lesen. Dort gehört sie auch hin.

Abbildung 4: Mini Cooper D-Anzeige in *Der Spiegel* 4/2010

„Jetzt kriegt das Öl die Krise."

Sagt der Mini Cooper D. Und bringt den Nutzen von 3,9 l/100 km genau und kreativ auf den Punkt.

Praxisübung:
Stellen Sie sich in Ihrer Fantasie vor, Sie sind Personalchef der Stadtwerke und suchen für die Müllentsorgung Mitarbeiter, die Sie einstellen wollen.

a. Definieren Sie den zentralen Nutzen, den Sie diesen potenziellen Mitarbeitern bieten.
b. Formulieren Sie mindestens fünf alternative Headlines, die diesen Kundennutzen verdeutlichen.
c. Beim nächsten Müllabfuhrtermin sprechen Sie mit den Mitarbeitern, die bei Ihnen die Müllabfuhr durchführen. Geben Sie ihnen Ihre Headlines und fragen Sie, von welcher sie sich am meisten angesprochen fühlen.

Viel Erfolg.

Nachbearbeitung:
Wenn Sie nach den Kontrollgesprächen mit Ihrer Zielgruppe feststellen, dass Ihre Headlines noch nicht auf dem Punkt waren, wiederholen Sie die Übung. Entscheidend ist hier nicht so sehr die Detailformulierung. Sie sollen vielmehr ein Gefühl dafür bekommen, wie Ihre jeweilige Zielgruppe tickt. Wenn Ihnen Müllmänner nicht liegen, können Sie natürlich auch Straßenbahnschaffner, Gärtner, Banker oder eine andere Zielgruppe auswählen. Wichtig ist die Schärfung Ihrer Sensibilität und Ihrer Empathie für die jeweilige Zielgruppe.

Hüten Sie sich vor dem Gattungsnutzen

Es sei denn, Sie haben wirklich die Chance, für eine neue Gattung eine Werbekonzeption entwickeln zu können. Dann müssen Sie diesen Vorteil unbedingt und möglichst offensiv ausspielen, damit kein anderer Wettbewerber mehr in der Werbung diese Nische besetzen kann.

„comdirect" ist zum Beispiel ein exzellenter Name. Er verdeutlicht einerseits die neue Bankengattung. Gleichzeitig schafft er den Vertrauenstransfer von einer etablierten, bestehenden Bankmarke.

Doch immer dann, wenn Sie für ein Produkt werben, das in seiner Gattung nicht das erste ist, hüten Sie sich vor dem Gattungsnutzen. Der Gattungsnutzen stellt uns gern eine Falle, weil er dem Werber immer die augenfälligsten Nutzenversprechen anbietet. Wenn Sie als Texter diesen Nutzen übernehmen, machen Sie nicht für Ihr spezifisches Produkt Werbung, sondern für die ganze Gattung.

Ein einfaches Beispiel:

Nicht so häufig müssen müssen.

Verspricht ein Mittel gegen Harndrang. Und macht damit Werbung für alle Mittel, die es gegen Harndrang gibt. Das Wortspiel ist schön, es hat sicherlich auch einen guten Erinnerungswert. Aber es sagt nichts darüber, warum Ihr Produkt besser ist als die der Wettbewerber.

Wenn Sie keine neue Gattung bewerben, verschwenden Sie mit einer Gattungswerbung weitgehend nur Geld. Nehmen wir ein weiteres, fiktives Beispiel. Werbung für eine Heckenschere.

Zum Beispiel mit der Headline:

Heckenschere XY.
Schneidet sauber ab.

Ist eine hübsche Formulierung. Mehr nicht. Denn alle Heckenscheren schneiden gut ab. Das ist schließlich ihre Funktion, also der Gattungsnutzen.

Anders sieht es aus, wenn diese Heckenschere tatsächlich besser abschneidet als andere Scheren. Weil sie zum Beispiel mit titangeschliffenen Messern arbeitet. Aber dann sollte auch das Nutzenversprechen spezifisch sein:

Heckenschere XY.
Schneidet titansauber ab.

Oder noch deutlicher in der Alleinstellung mit gewollter Redundanz:

Die Titan-Heckenschere XY.
Schneidet titansauber ab.

Sauber abschneiden ist also ein Gattungsnutzen, den jede Heckenschere bietet. Titansauber ist eine Alleinstellung.

Sie ahnen es schon: Ein präziser Nutzen ist gut. Aber häufig noch nicht gut genug. Zum Nutzen muss die Alleinstellung kommen, damit das Produkt, das Angebot uns wirklich bewegt.

Praxisübung:

Bitte besorgen Sie sich eine beliebige Zeitschrift mit großer Auflage und analysieren Sie alle Anzeigen mit Versicherungsangeboten.

Beurteilen Sie die einzelnen Produktversprechen.
Sortieren Sie die Anzeigen aus, die nur einen Gattungsnutzen anbieten.
Bewerten Sie dann die Alleinstellung der verbleibenden Produkte/Anbieter.

2.
So meistern Sie die wichtigste Herausforderung in der Praxis: Die wirksame Alleinstellung

Kein anderer Wirkungsfaktor ist für den Markterfolg so entscheidend wie die Alleinstellung. Allein deshalb lohnt es sich, in diese Aufgabe sein volles Engagement zu investieren.

Man kann es auch einfacher sagen:

Alleinstellung ist nicht Alles.
Aber ohne Alleinstellung ist alles Nichts.

Eine wirksame Alleinstellung baut immer auf dem Kundennutzen auf. So definiert, dass er das Produkt oder das Unternehmen oder die Idee im Bewusstsein der Zielgruppen einzigartig macht.

Häufig arbeitet Alleinstellung mit einer Inszenierung. Mit einem emotionalen Mehrwert, der das Angebot zu einer eigenständigen Erlebniswelt macht.

Die wirksame Alleinstellung hat den angenehmen Nebeneffekt, dass sie die Kommunikation insgesamt preiswerter gestaltet. Überzeugende Alleinstellungen haben einen langen Atem. Sie können als Idee immer wieder variiert und eingesetzt werden. Und ersparen so das Konzept-Hopping, das oft ein Zeichen von Konzeptschwäche ist (es sei denn, es geht um Trend-Produkte, die alle paar Monate aktualisiert werden müssen).

Wenn ein Kundennutzen stark und originär genug ist, kann er allein Träger der Alleinstellung sein. Wenn nicht, muss er mit einer speziellen Philosophie verbunden werden, damit er unverwechselbar wird.

Alleinstellung wirkt nur, wenn sie bis jetzt von keinem anderen Wettbewerber in der Werbung eingesetzt wird.

Es geht also nicht darum, ob ein Wettbewerbsprodukt über den gleichen Nutzen verfügt wie Ihr Produkt. Sondern ob Ihr Wettbewerber diese Eigenschaft bereits als Kundennutzen gegenüber der Zielgruppe anspricht. Alleinstellung kann also nur wirken, wenn Ihr Kundennutzen bisher von keinem anderen Wettbewerber eingesetzt wird.

Man redet in diesem Zusammenhang immer so gern vom Kampf um den Platz im Regal. Richtiger wäre: Es ist der Kampf um den Platz in den Köpfen Ihrer Zielgruppe.

Wie funktioniert Alleinstellung?

Wir alle werden täglich mit vielen Tausend Informationen konfrontiert. Diese Informationen ordnen wir ein, gewichten sie und legen sie ab.

Beispiel:
Sie werden nach einem Bekannten aus Ihrem Golf-Club gefragt. Aller Wahrscheinlichkeit nach werden Sie keine sehr differenzierte Antwort geben, sondern einen allgemeinen Kommentar wie „Der ist ein guter Sportskumpel", „Mit dem kann man prima ein Glas Bier trinken", „Der hat das beste Handicap" oder Ähnliches.

Um die vielen Informationen eines jeden Tages verarbeiten zu können, sortieren wir alles zuerst in geistige Schubladen. Auch Menschen.

Genauso machen wir es als Konsumenten. Wir verbinden einzelne Produkte und Angebote mit bestimmten Eigenschaften und Werten. Die Kunst besteht nun darin, mit Ihrem Angebot und Ihrem Kundennutzen eine leere Schublade im Kopf Ihrer Zielgruppe zu finden und diesen Platz zu besetzen. Wenn Ihnen dies gelingt, haben Sie das Erstgeburtsrecht im Marketing erworben. Denn wer erst einmal mit seiner Botschaft diesen Platz besetzt hat, der wird mit einer Eigenschaft oder einem bestimmten Nutzen fest assoziiert. Wenn andere Wettbewerber nun mit dem gleichen Argument werben, betreiben sie „me too-Werbung“. Sie werben dann letztlich für das Wettbewerbsprodukt, das von seiner Zielgruppe bereits mit diesem speziellen Kundennutzen assoziiert wird.

**„Alle reden vom Wetter.
Wir nicht.“**

Wer wünschte sich in den schneereichen Monaten des Jahres nicht diesen ehemaligen Slogan der Deutschen Bahn zurück. Damals war er nicht nur eine werbliche Behauptung, er traf zu. Und dokumentierte so die Führerschaft des Verkehrsmittels Bahn in Verlässlichkeit, Pünktlichkeit und Service.

Erfolgreiche Alleinstellung hat einen langen Atem.

Wie lange gute Ideen wirksam bleiben, zeigen die folgenden Beispiele. Ich habe ganz bewusst auch ältere Beispiele genommen, um zu zeigen, wie langlebig eine starke Idee ist, auch wenn die Grafik etwas in die Jahre gekommen ist.

Der Einfachheit halber haben wir uns bei den Abbildungen 5 bis 12 auf Arbeiten beschränkt, die von Dilthey & Partner entwickelt wurden. Natürlich gibt es auch eine Vielzahl anderer guter Beispiele.

Dieses Buch befasst sich schwerpunktmäßig mit dem Texten. Aber natürlich muss der Text immer im Zusammenwirken mit der visuellen Botschaft verstanden und beurteilt werden. Text und Grafik sind eine Einheit, sie unterstützen und verstärken einander.

Einige Beispiele für überzeugende und weniger überzeugende Alleinstellung

Abbildung 5: „BMP Forderungs-Finanzierung", Titelseite des Produkt-Prospekts Forderungs-Finanzierung, Becker, Müller und Partner (Finanzdienstleistung), Köln

Botschaft:
**„Wir bringen Forderungs-Finanzierung in ein neues Gleichgewicht:
Mehr Liquidität für das Unternehmen.
Mehr Sicherheit für die Bank."**

Bisher hatte Forderungs-Finanzierung generell den Nachteil, dass ein größerer Kreditrahmen des Unternehmens zwangsläufig das Risiko der finanzierenden Bank erhöhte.

Mit der innovativen Forderungs-Finanzierung von BMP wird es jetzt möglich, dass mit der Liquidität des Unternehmens gleichzeitig die Sicherheit für die Bank wächst.

Diese Alleinstellung verdeutlicht die WinWin-Vorteile für Unternehmen und Bank – unterstützt durch das „Key Visual" (die ungewöhnliche Balance-Aktion der Turner).

Abbildung 6: „Playmobil – Spielend lernt Ihr Kind die Wirklichkeit“, Titelseite 20-seitiger Image-Prospekt/Beilage für Eltern, Playmobil, geobra Brandstätter GmbH (Spielzeug), Zirndorf

Zentrale Botschaft:
„Nichts spielt so spannend wie die Wirklichkeit."

Kann ein Spielzeug aus Plastik pädagogisch so wertvoll sein wie zum Beispiel edles und teures Holz-Spielzeug?

Ja, es kann sogar pädagogisch noch wertvoller sein. Wenn es dem Kind mehr Rollenvielfalt bietet. Und damit die Möglichkeit, die Anforderungen der realen Welt durchzuspielen und sie zuerst in seiner Fantasie zu bestehen.

Vom passiven Werbe-Empfänger zum aktiven Mitspieler.
Die zweite Innovation, die als Konzept von Playmobil bis zum heutigen Tag weiter eingesetzt wird: Die Publikumswerbung preist nicht das Spielzeug an. Stattdessen erzählt sie spannende Geschichten, die man mit Playmobil spielen kann. Erlebnisse, die zum Mitspielen einladen. Die Kinder werden animiert, ihre eigene Fantasie und Kreativität auszuspielen. Zum Einsatz kamen und kommen Einhefter und Beihefter in großen Publikumszeitschriften, saisonal eingesetzt, zum Beispiel vor Weihnachten. Alle Konzepte für Playmobil wurden gemeinsam mit unserem seinerzeitigen süddeutschen Partner Rainer Willingstorfer entwickelt.

Abbildung 7: Titelseite 16-seitiger Prospekt/Beilage „Playmobil – Der Schatz des Goldgräbers". Eingesetzt in großen Publikumszeitschriften wie *Stern* und anderen

Abbildung 8: Titelseite Prospekt/Beilage, DuPont de Nemours Deutschland GmbH (CI stammt aus den 90er-Jahren)

Zentrale Botschaft:
„Typar® Geotextil.
Das Gleichgewicht der Kräfte."

(®DuPont's eingetragenes Warenzeichen)

Es gibt Geotextilien, die sind besonders reißfest. Andere sind besonders preiswert. Oder besonders durchlässig für Feuchtigkeit.

Die Alleinstellung von Typar besteht in einem besonders ausgewogenen und praxisgerechten Verhältnis aller geforderten Eigenschaften. Es schafft ein „Gleichgewicht der Kräfte" in der Erde. Unter allen Bedingungen.

Abbildung 9: Poster im Format A1, (Diese Konzepte entstanden Ende der 90er-Jahre. Inzwischen wurde die Corporate Identity geändert.)

Diese Alleinstellung wird später nochmals neu dramatisiert. Als **„Held der Unterwelt"** meisterte Typar alle Angriffe über und unter der Erde.

Die Botschaft wird aktualisiert. Die Alleinstellung bleibt wirksam.

Abbildung 10: „WBV – Wald für die Enkel", Titelseite Image-Prospekt, Waldbauernverband NRW e. V., Düsseldorf

Zentrale Botschaft:
„Wald für die Enkel."

Wald ist viel mehr als eine „Holzfabrik". Oder ein Erholungsraum. Wald ist eine generationenübergreifende Wirtschaftsweise für Daseins- und Natur-Vorsorge.

Dieser Generationenvertrag und die Nachhaltigkeit sind Kern der Alleinstellung.

Deshalb auch:
„Wer den Wald liebt ... muss ihn schlagen."

Abbildung 11: Von den Großeltern ernten. Für die Enkel pflegen. Innenseite Image-Prospekt, Waldbauernverband NRW e. V., Düsseldorf

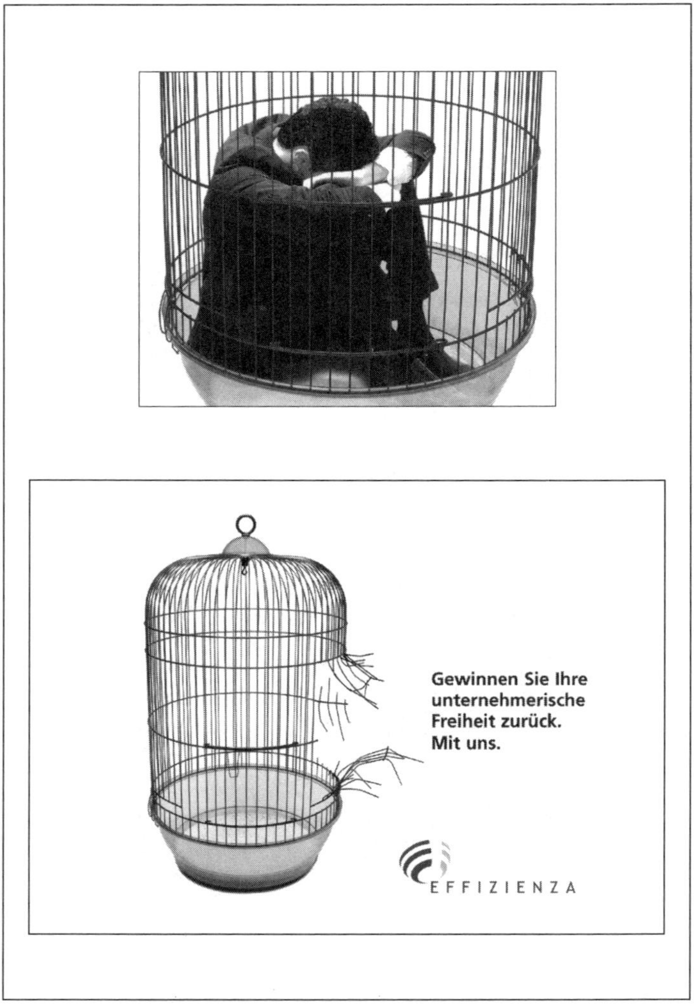

Abbildung 12: Effizienza Image-Prospekts. Ausschnitt 1. Innenseite und Titelseite. Effizienza GmbH, Düsseldorf (Finanzdienstleistung)

Zentrale Botschaft:
„Gewinnen Sie Ihre unternehmerische Freiheit zurück."

Zwischen Banken und Unternehmern herrscht oft ein babylonisches Sprachgewirr. Der Unternehmer redet von Chancen, die Bank versteht Risiko. Zwei Welten reden aneinander vorbei, oft mit katastrophalem Ergebnis. Unternehmer bekommen die dringend benötigte Finanzierung nicht, Banken bekommen keine validen Zahlen.

Was hier hilft, ist der professionelle „Dolmetscher". Der die Unternehmensdaten so aufbereitet, dass der Banker sie nachvollziehen kann. Und Vertrauen und Kredit schöpft.

Diese Alleinstellung lässt sich mit dem Wort „Banken-Kommunikation" nur unvollständig wiedergeben. Wohl aber mit dem Ausbruch aus der Liquiditäts-Falle. Und der Alleinstellung: „Gewinnen Sie Ihre unternehmerische Freiheit zurück."

Abbildung 13: „Das ist der Deutschen Sauberkeit." Teaser-Anzeige für eine neue Unterwäschemarke. Erschienen Ende der 60er-, Anfang der 70er-Jahre, in *Der Spiegel*.

Zum Abschluss noch ein weiteres Beispiel:
Es handelt sich um einen Klassiker, der ein Stück Werbegeschichte geschrieben haben dürfte.

**„Das ist der Deutschen Sauberkeit.
Auch du gehörst dazu."**

Mit dieser Teaser-Anzeige sollte die Kampagne für eine neue Unterwäsche-Marke beginnen. Wir wussten aus der Marktforschung, dass viele Deutsche nur einmal wöchentlich die Unterwäsche wechselten. Für diese Zielgruppe hatten wir „die Unterwäsche speziell für den täglichen Wechsel" konzipiert.

Diese Teaser-Anzeige erregte soviel Aufmerksamkeit, dass sie in vielen Medien gezeigt, besprochen und abgebildet wurde. Von heute auf morgen war dieses Motiv in aller Munde. Unser Kunde konnte den geplanten Werbe-Etat drastisch reduzieren und erhebliche Kosten sparen.

Die Anzeige wurde von dem Team Dilthey, Tolksdorf, Zander in der seinerzeitigen Agentur Special Team/BBDO entwickelt. Für den Kunden Enka Glanzstoff AG. Sie wurde nach meiner Erinnerung Ende der 60er-Jahre im *Spiegel* veröffentlicht. Bei dieser Anzeige dürfte es sich wahrscheinlich um einen der ersten Vorläufer von „Radical Advertising" handeln.

Praxisübung:
Wir alle kennen Werbung, die wir schlecht finden. Oft sogar noch aufdringlich und penetrant.

Suchen Sie sich eine Kampagne aus, die Ihnen überhaupt nicht gefällt.

a. Prüfen und begründen Sie, warum Sie diese Werbung schlecht finden.
b. Findet der Markt die Kampagne auch schlecht? Prüfen Sie, wie sich das Angebot (Produkt, Unternehmen, Dienstleistung oder anderes) dieser Kampagne in den letzten Jahren wirtschaftlich entwickelt hat.
c. Entwickeln Sie eine bessere Alleinstellung mit einer glaubwürdigeren zentralen Botschaft.

Wenn Sie glauben, eine überzeugende Botschaft und Idee gefunden zu haben, können Sie sie ja dem Anbieter als neue Werbeidee verkaufen.

Drei erfolgreiche Strategien zur Entwicklung einer wirksamen Alleinstellung

In der Praxis werden Sie feststellen, dass nur noch ganz wenige Angebote eine faktische Alleinstellung bieten können. Nehmen Sie marketingtechnisch hoch entwickelte Märkte wie Waschmittel, Zigaretten, Getränke, Nahrungsmittel und viele andere. Die meisten dieser Produkte sind von ihrer Zusammensetzung her austauschbar und werden erst durch ihr Marketing zu einer unverwechselbaren Marke.

Zur Profilierung dieser Produkte wird ein Nutzen entwickelt, der entweder auf einer besonderen Eigenschaft des Herstellers basiert (Philosophie, Service, Vertrieb oder anderes) oder auf psychologischen Faktoren des Produkt selbst (besonderer Geschmack, Zugehörigkeit zu einer bestimmten Gruppe, Lifestyle oder andere Aufwertungen).

Auf all diesen Märkten entsteht erst durch das Marketing die Produkt-Persönlichkeit mit Nutzen und Alleinstellung. Wem dies zu manipulativ ist, der schaue in seinen eigenen Kleiderschrank. Fast jeder von uns versucht, sich vorteilhaft darzustellen. Dieses Lebensprinzip gilt für alle Bereiche. Nicht nur Kleider, auch Marken machen Leute.

Sprechen Sie dem Geschäft Ihres Kunden aus der Seele.
Jeder Markt, jedes Unternehmen, jedes Geschäft hat seine ganz besonderen Eigenschaften und Charakteristika. In der Briefing-Analyse werden wir noch darüber sprechen, wie wichtig auch scheinbar Nebensächliches für die Konzeptentwicklung sein kann.

Bei diesem Vorgehen werden Sie versuchen, den eigentlichen „Spirit" des Unternehmens und seiner Mitarbeiter zu erfassen. Die ungeschriebene Firmenphilosophie gegenüber den Kunden. Jedes Unternehmen, jedes Produkt hat spezifische Besonderheiten, sonst könnte es auf dem Markt nicht existieren.

Die Kunst besteht darin, diese Besonderheiten zu erspüren und sie in einer zentralen Alleinstellung zu verdichten. Nehmen Sie den wichtigsten Nutzen, den Sie dem Kunden bieten können und konzentrieren Sie ihn auf ein Maximum.

Beispiel:
Die *Apotheken-Umschau*, die kostenlos von Apotheken an ihre Kunden verteilt wird sagt als Alleinstellung und zentrale Botschaft:

Lesen, was gesund macht.

Sie positioniert sich damit selbst praktisch als ein Medikament. Mit der zusätzlichen Kompetenz des Ratgebers.

Oder nehmen Sie einen wichtigen Bestandteil der Alleinstellung von LANDS' END:

Guaranteed. Period®

Mit dieser Garantie verdeutlicht das Unternehmen die unverwüstliche Qualität seiner Produkte und seine kompromisslose Kunden-Orientierung.

Das Unternehmen verwendet jedoch auch in Deutschland den amerikanischen Begriff, weil es mit einer „lebenslangen Garantie" für seine Produkte in Konflikt mit dem deutschen Werberecht käme.

Eine der schönen Geschichten, die man über LANDS' END erzählt: Das Unternehmen hatte einmal einen Gebrauchtwagen verkauft. Nach circa zehn Jahren berief sich der Käufer auf die Garantie und wollte das Auto wegen entstandener Mängel zurückgeben. Angeblich hat LANDS' END den Wagen zurückgenommen.

Der „Nischen-Finder"

Der „Nischen-Finder" ist ein Tool, mit dem man systematisch Nischen in einem Markt aufspüren und nutzen kann.

Um es einfach zu halten, habe ich hier ein fiktives Beispiel aus der Produktentwicklung für eine neue Kaffeemarke genommen. Es geht hier lediglich darum, das Grundprinzip zu verdeutlichen. Die Spezialisten des Kaffeemarktes unter meinen Lesern mögen mir die Schlichtheit verzeihen.

Auf der waagerechten Ebene tragen Sie alle denkbaren Alternativen für eine Verpackung ein. In der senkrechten linken Spalte können Sie jetzt zum Beispiel alle denkbaren Formen für den Inhalt auflisten.

	Tüte/ Papier	Karton	Glasdose	Flasche	Jutesack	Phiole	Konzentrat-Spender	Kapseln
Bohnen								
Pulver								
Instant								
Flüssiges Konzentrat								
Fertiger Kaffee ggf. gekühlt oder zum Erwärmen								

Abbildung 14: Nischen-Finder

Bei den meisten Kombinationsmöglichkeiten können Sie ein Kreuz machen, weil es diese Angebote schon gibt. Bei anderen, zum Beispiel bei flüssigem Konzentrat aus Flasche oder Phiole, werden Sie wahrscheinlich noch Lücken finden.

Dies sind wie gesagt fiktive Beispiele, um das System zu verdeutlichen.

Statt Verpackung und Inhalt können Sie natürlich jetzt andere Parameter einsetzen. Zum Beispiel bereits angebotene Nutzen und Bedürfnisse von potenziellen Zielgruppen. Für die dann verbleibenden Nischen entwickeln Sie Alleinstellungs-Konzepte, die bisher nicht aktivierte Verbraucher-Bedürfnisse mit bestimmten Angeboten koppeln.

Sie werden feststellen, dass Sie relativ schnell zu neuen Kombinationen finden, die einen neuen attraktiven Nutzen bieten.

Erfüllen Sie die Sehnsucht nach den wahren Werten
Unberührte Natur, grenzenlose Freiheit, Freundschaft, Liebe – diese Sehnsüchte und Gefühle haben archetypische Kraft. Und zwar unabhängig davon, ob sie real erfüllt werden oder nicht. Vom Naturschützer bis zum Whiskeytrinker streben alle nach dem unberührten, wahren Leben, was immer das ist.

Niemand will einsam und allein sein. Freunde geben nicht nur Geborgenheit und Wärme, sie sind ein entscheidendes Statussymbol. Coca Cola inszeniert das in immer wieder neuen Variationen, ohne es überhaupt noch auszusprechen. Die Kombination von Gemeinschaft und Trend ist genau das, was für junge Leute ganz wichtig ist. Auf dieser Motivation basiert seit vielen Jahrzehnten der Erfolgskurs dieser Marke.

Was ist Ihr Geschäft? Was kann Ihr „Angebot" für die Menschen, für die Gemeinschaft tun?
Die Spendenorganisation, die Bedürftigen hilft?
Das Reisebüro, das Menschen zu Abenteuer und Gemeinsamkeit zusammenführt?

Der Lebensmittelhersteller, der Gemüse so herstellt und zubereitet, wie Gott es schuf?

Sie befinden sich gerade in einem Fantasieland der Wünsche und Träume, verehrte Leser. Tausende von Produkten und Ideen haben hier ihren Ursprung des Marketings gefunden. Ein Vorrat, der schier unerschöpflich ist.

Es gibt eine Faszination, die länger dauert als jede Realität. Denken Sie an die Frauenzeitschrift, die jede Woche ihren Leserinnen eine neue Diät anbietet. Und dann in der nächsten Ausgabe wieder die nächste Diät. So geht das Jahr für Jahr. In der Regel werden die Leserinnen nicht schlanker, aber auch die Faszination der Diäten nimmt nicht ab.

Auch im Marketing gibt es das Perpetuum mobile.

Die Redefinition der Werte

Jede Medaille hat bekanntlich zwei Seiten. Dies gilt auch im Marketing. Man kann jede Eigenschaft redefinieren. Der Nachteil kann zum Vorteil werden, aber natürlich auch andersherum. Für den einen ist ein einsamer Ort ein gottverlassenes Kuhdorf. Für den anderen eine beschauliche Idylle. Die spartanische Serienausstattung eines Autos erlebt der eine Besitzer als Strapaze. Der andere wird sie als unverwüstlichen Kultfaktor schätzen.

Wenn Sie also über Nutzen und Alleinstellung nachdenken, sollten Sie diesen ständigen Austausch zwischen „gut" und „schlecht" im Auge behalten. Hüten Sie sich jedoch vor „Unwörtern": Das sind Begriffe, die versuchen, die Realität auf den Kopf zu stellen. „Freistellen" ist ein solcher Begriff. Er klingt nach Freiheit, obgleich er für die meisten Menschen eine ökonomische Katastrophe beinhaltet. Hier gibt es eine Grenze, die Sie als Texter nie überschreiten sollten, wenn Sie auf die Glaubwürdigkeit Ihrer Worte Wert legen.

Redefinitionen

–	+
chaotisch	kreativ
Einsamkeit	Idylle
klein	persönlich
groß	sicher
altbacken	zeitlos
langweilig	konservativ
langweilig	seriös
egozentrisch	individuell
verstaubt	traditionell
riskant	innovativ
aggressiv	direkt

Diese Beispiele sind Annäherungen und keine exakten Gegensatzpaare. Sie sollen lediglich verdeutlichen, wie sich auch aus scheinbarer Marktschwäche alleinstellende Nutzen entwickeln lassen.

3.
Einladung zur Schatzsuche: Die Briefing-Analyse

Faktoren der Briefing-Analyse

Diese Faktoren und Parameter sollten Sie auf jeden Fall kennen, bevor Sie Ihr Konzept entwickeln.

Markt

- Historie
- Bedarf/Volumen
- Perspektiven
- Psychologie

Wettbewerb

- bestehend
- potenziell
- Marketing- und Kommunikations-Strategien
- Vertriebsstrategien
- Wichtigste Vertriebskanäle
- Besonderheiten der Produkte
- Alleinstellungen?

Analyse des eigenen Angebots

- Vorteile
- Nachteile
- Besonderheiten
- Alleinstellung?

Zielgruppen

- direkt/indirekt
- Ablauf Entscheidungsprozess (Stammbaum malen)
- Alle am Entscheidungsprozess Beteiligten berücksichtigen

Briefing möglichst immer schriftlich

- Marketing-Strategie?

- Kommunikations-Strategie?
- Copy Plattform? (Inhaltliche Vorgabe für die zentrale Botschaft.)
- Kundennutzen?
- Reason why? (Beweis?)
- Media Strategie?
- Gesamter Maßnahmen-Mix?

Die „geheimen" Gesetze der Märkte

Jeder Markt hat seine eigenen Gesetzmäßigkeiten, seine „offiziellen", aber auch seine ungeschriebenen Regeln. Ernest Dichter, ein bekannter amerikanischer Tiefenpsychologe und Motivforscher, untersuchte beispielsweise, nach welchen Kriterien amerikanische Käufer die Verarbeitungsqualität eines Autos beurteilen. Er stellte fest, dass fast alle Käufer – unbewusst – die Tür eines Autos zuwarfen. An seinem Klang (dunkel, „satt", nicht scheppernd) beurteilten sie dann die Qualität von Karosserie und Verarbeitung.

Mit dieser Entdeckung begründete Dichter dann unter anderem die systematische Entwicklung des Klang-Designs, die heute von allen Automobilherstellern betrieben wird.

Es gibt viele weitere Beispiele. In Deutschland muss ein Bier, das schmecken soll, eine Krone haben. In England werden Sie dergleichen vergebens suchen.

Kein Mensch liest in der Regel das Kleingedruckte auf einer Zahnpastapackung. Ließen Sie es jedoch weg, würde kein Mensch diese Packung kaufen.

Ein ordentliches „Vollwaschmittel“ für weiße Wäsche muss weiß waschen. Was uns als Verbraucher nervt („weißer geht's nicht“), ist ein Produktversprechen, das nicht fehlen darf. Sonst würde das Vollwaschmittel nicht gekauft.

Es lohnt sich, diese vielen Traditionen und ungeschriebenen Gesetze der Märkte zu analysieren. Im Baugewerbe beispielsweise sind Ihre Zielgruppen zumeist sehr traditionell ausgerichtete Handwerksbetriebe. Wenn Sie ein neues Produkt oder Verfahren bieten, ist es entscheidend, dass Sie diese Gruppen psychologisch mit einbeziehen. Sonst werden sie Sie auf dem Markt scheitern lassen, nach dem Motto: Das haben wir noch nie so gemacht.

Ebenso spannend ist es, die zukünftige Entwicklung eines Marktes einzuschätzen. Wer hätte vor einer Generation das rasante Wachstum der Online-Märkte vorausgesehen? Wer hätte beispielsweise gedacht, dass Hundeschulen sich einmal derartig verbreiten und prosperieren würden? Vor nicht allzu langer Zeit war der durchschnittliche Hundebesitzer der Meinung, er könne die Erziehung eines Hundes sehr gut selber leisten.

Solche Veränderungen der Märkte haben oft etwas mit neuen Moden zu tun. Durch diverse Ratgeberkolumnen in allen Zeitungen und Zeitschriften wurde dem durchschnittlichen Hundebesitzer klargemacht, dass die Psychologie seines vierbeinigen Freundes eine ganz besondere Behandlung erfordert. Was nebenbei als Motiv für den Besuch einer Hundeschule genauso wichtig ist, wenn auch nicht so angesprochen: Der gesellige Effekt.

Speziell beim Welpenspielen schafft man es glänzend, neue und möglicherweise etwas unerfahrene Hundebesitzer zusammenzuführen, die dann wie beim Elternabend in der Schule ihre Erfahrungen austauschen und einander Rat und Mut zusprechen.

Hier tun sich auch ganz neue Positionierungsmöglichkeiten auf. Möglicherweise ist die Hundeschule am erfolgreichsten, die die geselligsten und nettesten Zirkel bietet.

Durch das Internet verändern sich viele Märkte rasant. Auch Kleinunternehmen können weltweit präsent sein. Hier bieten sich viele neue Marktlücken, die interessante Geschäftsperspektiven bieten.

Wenn Sie jeden Punkt des Briefings und die sich daraus ergebenden Fragen abgearbeitet haben, haben Sie die entscheidende Basis für eine gute, kreative Konzeption gelegt.

Lernen Sie von den Gegnern: Wettbewerbsanalyse

Es ist immer klug, von seinen Gegnern zu lernen. Im Marketing ist es zudem oft hoch profitabel.

Bei einer Wettbewerbsanalyse lernen Sie doppelt:
1. Sie kommen wahrscheinlich auf gute, neue Ideen.
2. Sie lernen Ihre Gegner und deren Strategien kennen und können so überprüfen, ob Ihr eigenes Konzept zukunftsfähig ist.

Bei der Briefing-Analyse (wie bei der gesamten Konzeptarbeit) trennt sich sehr schnell die Spreu von den Beratern. Ein Kunde, der Sie beauftragt, wird zwar vordergründig über Werbung sprechen. Eigentlich aber beauftragt er Sie, seinen Erfolg zu konzipieren.

Jede Werbebotschaft muss sich heute durch ein kommunikatives Grundrauschen kämpfen, das von Jahr zu Jahr lauter wird. Nur eine Strategie mit einem unverwechselbaren Klang hat die Chance, dieses Tosen zu übertönen. Kunden suchen deshalb eigentlich nie nur eine schöne Bildidee oder einen flotten Spruch. Sie suchen die eigenständige, unverwechselbare Identität ihrer Botschaft, die ihnen auf dem Markt Erfolg bringt.

Zu Recht titelt die *FAZ* in Ausgabe Nr. 151/2010: „Der Mythos Werbung bröckelt." Nach Amir Kassaei, zu dieser Zeit Chief Creative Officer der DDB Group, „arbeiten Werber in Zukunft wie Unternehmensberater". Auch wenn dies sicherlich etwas überzeichnet und der Eigen-PR geschuldet ist, stimmt der Trend.

Nur als Ideen-Produzenten haben Werber eine Zukunft. Gleich, ob sie als Texter, Grafiker, IT-Spezialisten oder Berater unterwegs sind.

Als Scout Ihres Kunden sollten Sie deshalb die Offenheit und Neugierde eines kleinen Kindes mit dem geschulten Blick eines Spurenlesers verbinden.

Schauen Sie sich an, was über die einzelnen Wettbewerber in den verschiedenen Internet-Medien und in der Presse berichtet wird. Wie ist ihre Kommunikation – und viel wichtiger, welche Zielsetzungen verbergen sich hinter dieser Kommunikation? Sprechen Sie möglichst mit den Menschen, die die Produkte verkaufen, zum Beispiel mit Außendienstlern oder dem Personal im Handel.

Wie werden die Wettbewerbsprodukte verkauft? Gibt es mögliche neue Wege? Denken Sie nur an die vielen Produkt- und Vertriebsideen, die in den letzten Jahren in Deutschland entstanden sind. Entwickeln Sie eine Matrix, in der Sie die Eigenschaften/Stärken/Schwächen des eigenen Produktes denen der Wettbewerbsprodukte gegenüberstellen.

Bleiben Sie bei diesem Prozess offen für alles und jedes. Wer sich als Scout zu sehr in eine Spur verbeißt, übersieht möglicherweise die Rauchzeichen kommender Entwicklungen am Horizont.

Hinterfragen Sie alles: Das eigene Angebot – und sich selbst

Wir alle sind Gefangene unserer Vorstellungen, die wir uns von der Welt machen. Wir alle haben Vorurteile und blinde Flecken. Uns geht es so. Und erst recht unseren Auftraggebern. Sie sind oft auch noch betriebsblind. So wie wir, wenn wir zum Beispiel für uns selbst Werbung machen sollen.

Das Briefing, also die Aufgabenstellung für die Werbung bzw. den Text, sollte alle wichtigen Informationen beinhalten, die wir brauchen, um unsere Zielgruppe mit der richtigen Botschaft möglichst wirksam anzusprechen. Wir müssen also den Markt und unsere Wettbewerber kennen, seine Zielgruppen und ihre Motivationen und all die weiteren Punkte, die auf diesem Markt eine Rolle spielen. Sie kennen bereits die wichtigsten Briefingpunkte, die Sie auf jeden Fall abfragen und berücksichtigen sollten.

Die wahren Schätze liegen dabei oft im Verborgenen. Ich habe es immer wieder erlebt, dass Kunden wirklich wichtige Faktoren einfach nicht kannten. Oder sie falsch einordneten/bewerteten.

Verlassen Sie sich deshalb nie nur auf das, was Ihnen Ihr Auftraggeber sagt. Recherchieren Sie selbst.

Am Ende dieses Prozesses müssen wir alle gewonnenen Informationen richtig bewerten und einordnen. Das gilt übrigens nicht nur für kommerzielle Kommunikation, sondern für jede Art der werblichen Ansprache. Zum Beispiel auch für den Text einer Partner-Suchanzeige.

Auch hier muss man realistisch die eigenen Stärken und Schwächen einschätzen. Und andererseits eine ziemlich genaue Vorstellung davon entwickeln, welchen Wunsch-Partner man sucht.

Das Briefing ist die entscheidende Basis, auf der unser gesamtes werbliches Konzept aufbaut. Wer von Ihnen Schach spielt, liebe Leser, der weiß, dass oft die ersten zwei bis drei Züge entscheidend für das ganze Spiel sind. Werden hier Fehler gemacht, beeinflussen sie den gesamten Spielverlauf bis zum Verlust der Partie.

Ähnlich ist es mit der Briefing-Analyse: Im Prinzip entwickeln wir auf der Basis der Fakten und Informationen ein Konzept. Basiert dieses Konzept auf falschen Voraussetzungen, investiert man aller Wahrscheinlichkeit nach sehr viel Geld in einen Misserfolg. Denn jedes Kommunikationskonzept gleicht am Anfang einem Nagel, den wir in eine projektierte Wand treiben wollen. Erst im Nachhinein zeigt sich jedoch, ob dort, wo wir den Nagel hineingetrieben haben, tatsächlich auch eine feste Wand ist, die hält.

Als ersten Schritt müssen wir uns also alle Informationen besorgen, die wir für die Konzepterarbeitung benötigen.
Und als zweiten Schritt müssen wir genau diese Informationen hinterfragen.

Legen Sie Ihre Zielgruppe auf die Couch: Analyse der Zielgruppen-Motivation

Einfühlungsvermögen ist eine der größten Stärken, die ein Werber haben kann. Die Fähigkeit, sich in andere Menschen hineinzudenken, ihre Gedanken und Gefühle nachzuempfinden und sich zu überlegen, wie man an ihrer Stelle fühlen und handeln würde – dies ist die große Kunst der Werbung.

Hinzu kommen immer feinmaschigere Untersuchungs- und Befragungstools.

Die Erkenntnisse des Neuro-Marketings werden auf diesem Feld immer wichtiger werden. Nachdem man Reaktionen des Belohnungszentrums, der Neuronenspiegel und andere seelische Reaktionen im Gehirn messen kann, wird man ein immer genaueres Verständnis davon bekommen, wie Botschaften auf Menschen wirken.

Oft werden Sie jedoch weder die Zeit noch die Mittel haben, solche aufwendigen Untersuchungen durchzuführen und auszuwerten. Hilfreich ist hier in jedem Fall das persönliche Gespräch mit einzelnen Vertretern der Zielgruppe.

In vielen Fällen bleibt Ihre Intuition für das, was Ihre Zielgruppe am meisten bewegt, Ihre entscheidende Königsdisziplin.

Hüten Sie sich vor Wunsch-Denken. Vor suggestiven Fragen, mit denen Sie gewünschte Antworten bei Ihren Gesprächspartnern provozieren. Und – so witzig das klingt: hören Sie auf Ihren Kunden.

Im Laufe der Jahre ist mein Respekt vor dem Marktgefühl der Kunden immer mehr gewachsen. Viele Kunden können nicht sagen, welche Kommunikation sie genau brauchen. Aber sie haben meist ein sehr gutes Gefühl dafür, welche Kommunikation Erfolg haben wird. Und welche nicht.

Wenn Sie mehrere Konzept-Alternativen erarbeiten, was Sie als professioneller Berater tun sollten, werden Ihre Kunden meist wissen, welche die richtige ist. Bei Präsentationen ist unser Favoriten-Konzept, die „Kür", oft nicht ausgewählt worden. Sondern das Konzept, das wir als vorsichtige Alternative, als „Pflicht" entwickelt hatten.

Im Rückblick haben unsere Kunden oft die vorsichtige, vielleicht damit aber auch die richtige Wahl getroffen.

Überprüfen Sie die Zielgruppen-Strategie

Meist haben Sie es nicht mit einer, sondern mit mehreren Zielgruppen zu tun. Beispiel Geotextil:

- Der Planungs-Ingenieur muss zuerst ein Geotextil vorschreiben. Und zwar möglichst das mit den Spezifikationen, die auf „Ihr" Geotextil zutreffen.
- Die Bauunternehmung, die dieses Geotextil verarbeitet, sollte ebenfalls von Ihrem Geotextil überzeugt sein. Sonst kauft sie entweder ein vergleichbares Wettbewerbsprodukt. Oder spricht mit dem Planungsingenieur und versucht, die Spezifikationen zu modifizieren.
- Damit die Bauunternehmung nun das Geotextil kaufen kann, muss der Baustoffhandel es führen.
- Und nicht zuletzt: Der Finanzier des ganzen Objekts sollte auch das Gefühl haben, dass der Einsatz dieses Geotextils und die damit verbundenen Kosten sinnvoll sind.

Wenn Sie bedenken, dass diese Hauptgruppen aus verschiedenen Einzelgruppen bestehen (Berater, Außendienst, Innendienst etc.), kommen Sie auf sehr viele unterschiedliche Gruppen, die alle gemeinsam den Einsatz Ihres Geotextils befürworten müssen, damit es dann endlich zum Einsatz kommt. Bei solch komplexen Zielgruppen-Strategien ist es äußerst sinnvoll, einen „Entscheidungs-Stammbaum" zu entwickeln, der genau festhält, welche Gruppe wann und mit welchen Argumenten und Mitteln aktiviert werden muss.

Ein anderes Beispiel: Unterwäsche für Herren.
Naturgemäß sind Männer die Primär-Zielgruppe, denn sie tragen die Unterwäsche.

Andererseits wird ein erheblicher Teil aller Herren-Unterwäsche von Frauen gekauft. Diese Frauen sind also die Kaufentscheider und damit mindestens genauso wichtig.
Ihre Kommunikation muss also die Frauen für eine bestimmte Marke aktivieren und gleichzeitig den Männern das Gefühl geben, dass sie die richtige und wertige Marke tragen.

Setzen Sie auf eigene Recherche

Dem Auftraggeber müssen Sie nicht misstrauen. Wohl aber seinen Schlussfolgerungen.

In meiner Praxis habe ich immer wieder Fälle erlebt, in denen Unternehmen von Voraussetzungen oder Schlussfolgerungen ausgingen, die so keinen Bestand hatten.

Ein kleinerer Fensterhersteller war beispielsweise der Meinung, dass sein Außendienst hervorragende Arbeit leistete und dass das Problem des mangelnden Abverkaufs in der Werbung zu suchen sei. Wir riefen routinemäßig einige Händler an und stellten entsprechende Kontrollfragen. Ergebnis: Der Außendienst arbeitete miserabel, Produkt und Produktinformation hingegen wurden positiv erwähnt.
Der Außendienst war das Problem, nicht die Lösung.

Diese Fehleinschätzung war entstanden, weil bei dem kleinen Unternehmen Chef und Außendienst eine eingeschworene und vertraute Truppe geworden war, in der keine gegenseitige Kontrolle mehr stattfand.

Unsere wichtigste Aufgabe bestand nun darin, gemeinsam mit der Unternehmensleitung den Außendienst für seine bisherigen Schwächen zu sensibilisieren und eine Vorgehensweise zu etablieren, die dem Kunden (Handel) das Gefühl gab, wirklich vernünftig betreut und beraten zu werden.

Ein anderes Beispiel: Ein großer französischer Hersteller von Glasgeschirr wollte ein spezielles, besonders bruchfestes Glasgeschirr in Deutschland auf dem Markt einführen. Und zwar über die Kaufhäuser, so, wie es auch in Frankreich vertrieben wurde.

Wenn man ein Produkt über Kaufhäuser vertreibt, benötigt man eine breite Verbraucherwerbung, um überhaupt Erfolg zu haben. Dafür waren jedoch die Etatmittel nicht groß genug.
Wir untersuchten also den Markt und stellten fest, dass es Spezialgruppen gab, die einen sehr hohen Verschleiß an Geschirr hatten: Krankenhäuser, Kantinen, Gefängnisse und andere. Zum Teil lag hier die Bruch- und Ersatzrate für Geschirr bei über 100 Prozent pro Jahr.

Wir schlugen dem Kunden vor, in der ersten Stufe nur diese Spezialgruppen anzusprechen und ihnen das Geschirr zu verkaufen. Daraus entwickelten wir dann Direktmarketing-Ideen, die sofort die neuartige Bruchfestigkeit dieses Glasgeschirrs verdeutlichten. Wir verschickten beispielsweise Tasse und Untertasse aus Glas – lose verpackt – mit der Aufschrift: „Kräftig schütteln. Dann hören Sie, womit Sie Ihre Bruchrate auf 10 Prozent senken können." Oder wir verschickten ein Holzbrettchen, einen Nagel und einen Glasbecher und forderten den Empfänger auf: „Schlagen Sie mit diesem Glasbecher den Nagel in das Brett. Und senken Sie Ihre Bruchrate auf unter 10 Prozent."

Die Werbung wurde ein großer Erfolg. Mit einem sehr überschaubaren Etat gewannen wir für diesen Kunden die relevanten Spezialmärkte.

In diesen beiden und in vielen anderen Fällen hinterfragten wir Zielsetzung und Briefing mit Kunden. Und fanden Lösungen, die für den Kunden wesentlich Erfolg versprechender und profitabler waren.

Eine Zigarettenmarke, die für harte Männer konzipiert wurde und hinterher mehr von Frauen geraucht wird. Diese und viele andere Beispiele sollten Sie im Hinterkopf haben, wenn Sie das Briefing Ihres Auftraggebers hinterfragen. Kompetente Auftraggeber wissen das im Übrigen zu schätzen.

Die Kunst des richtigen Fragens

Vielleicht sind Sie ja schon einmal von einem Psychologen interviewt worden. Die Kunst der Frage besteht darin, dass der Befragte selbst die richtigen Schlüsse aus seiner Antwort zieht. Tödlich sind Fragestellungen, die Ihren Auftraggeber in die Ecke treiben und/oder ihm das Gefühl geben, er müsse sich rechtfertigen oder – noch schlimmer – er kenne sein eigenes Geschäft nicht. Neben dem Management sollten Sie unbedingt auch den Außendienst interviewen. Wenn Sie sich den Zeitaufwand leisten können, führen Sie Einzelinterviews. Unter vier Augen sind die Außendienstler wesentlich freier und werden Ihnen auch die Dinge berichten, die die Geschäftsleitung nicht gerne hört. Voraussetzung ist natürlich, dass Sie Stillschweigen über das Gespräch und den Informanten vereinbaren. Aus dem Spektrum der Antworten werden Sie ein Stimmungsbild bekommen, das Ihnen meist einen sehr guten Eindruck des Geschehens auf dem Markt vermittelt.

Nutzen Sie das aktive Zuhören

Aktives Zuhören ist eine Fertigkeit, die sich in allen Lebenssituationen auszahlt. Kurze zusammenfassende Kommentare des Gehörten und gezielte Nachfragen geben einem selbst und dem Gesprächspartner die Sicherheit, dass das Gesagte richtig aufgenommen wurde. Durch körpersprachliche Zuwendung können Sie bei Ihrem Gesprächspartner diesen Effekt noch verstärken.

Im Briefinggespräch erschließt man durch gezieltes Nachfragen wichtiges Know-how über den Markt. Keiner kennt den Markt so gut wie der professionelle Kunde. Gleichzeitig baut man ein Vertrauensverhältnis auf, das Akzeptanz für die spätere Beratung schafft.

Während des Gesprächs werden Sie auf jede feine Nuance der Antworten achten. Ob Menschen Fakten zutreffend darstellen, lässt sich fast immer durch genaues Zuhören beurteilen. Denn alles, was nicht wahrheitsgemäß oder nicht realistisch ist, widerspricht sich früher oder später. Wenn man also genau genug zuhört, kann man vieles durch vorsichtige Zusatzfragen klären. Ohne Besserwisserei, ohne Auftrumpfen, ohne in den unnötigen Machtkampf zu geraten „Wer hat recht, ich oder er?"

Praxisübung:

Wenn Sie in der Marketing-Kommunikation tätig sind, prüfen Sie bei Ihrem aktuellen Textobjekt, ob alle Briefing-Punkte berücksichtigt worden sind. Wenn nicht, recherchieren Sie die Informationen, die Ihnen noch fehlen.

Wenn Sie in einem anderen Beruf tätig sind und dieses Buch nur aus Interesse lesen: Stellen Sie sich bitte vor, Sie wollen für Ihren Lieblings-Italiener ein Werbekonzept erarbeiten. Formulieren Sie das notwendige Briefing anhand der Checkliste und entwickeln sie dann einen Slogan, der die stärksten Vorteile dieses Restaurants schmackhaft zur Geltung bringt.

Zeigen Sie hinterher das Ergebnis Ihrer Arbeit dem Chef des Restaurants und fragen Sie ihn, ob er sich gut „getroffen" fühlt. Gibt es mehr als einen Grappa, liegen Sie wahrscheinlich richtig.

4.
Text-Tuning.
Die zwölf Wirkungsverstärker für Ihren Text

1. Das Beste zuerst. Und nochmals zum Schluss:
Der Kundennutzen als „Anmacher", Roter Faden und Happy End.

Die Schlagzeile lockt mit dem Nutzen. Machen Sie jetzt nicht den Fehler, den Text mit einem anderen Argument zu öffnen. Bleiben Sie am Nutzen und texten Sie konsequent an diesem Kundenvorteil entlang. Der Kundennutzen ist Ihr Roter Faden bis zum Happy End.

2. Kurz. Kürzer. Am wirksamsten.

Je kürzer Ihr Text ist, desto wirksamer wird er. Das gilt selbst für Angebote, die scheinbar viele Worte erfordern.

Komprimieren Sie Ihren Wirkungstext, bis es nichts mehr zu reduzieren gibt. In der Regel ist das die sicherste Methode zum Erfolg.

Kürze zwingt uns, sofort auf den Punkt zu kommen. Das bekommt unserer Werbung. Das bekommt unserem Leser. In meinen Seminaren habe ich als Praxisübung Texte kürzen lassen, die vorher schon zehn Mal gekürzt worden waren. Immer gab es weitere Ansatzpunkte. Und immer wurde der Text noch ein wenig besser.

3. Schreiben Sie zur Tat:
Machen Sie Ihren Text aktiv.

Statt „Das blaue Meer": „Das Meer leuchtet blau".

Tun statt sein. Verb statt Adjektiv. Je aktiver Ihr Text ist, desto wirksamer aktiviert er Ihre Zielgruppe.

4. Hauptsache Hauptsatz:
Weg mit den alten Schachteln.
Hüten Sie sich vor Schachtelsätzen und komplizierten Satzkonstruktionen. Schreiben Sie möglichst in Hauptsätzen.

Ein Nebensatz macht schnell nebensächlich. Wann immer es geht, halten Sie sich an das Prinzip:
Ein Gedanke. Ein Satz.
Sie schaffen eine Klarheit, in die Ihnen der Leser/Zuhörer/Zuschauer gern folgt.

Beispiel:
„Weil es nach Regen aussah, zog er den Mantel an und nahm den Regenschirm, bevor er sich auf den Weg machte."

Besser:
„Es sah nach Regen aus. Er nahm Mantel und Regenschirm. Dann machte er sich auf den Weg."

5. Das Drama des fehlenden Höhepunkts:
Halten Sie Ihren Leser/Zuhörer in Atem.
Ob Schauspiel, Musik, Film oder Krimi. Wenn sie gut gemacht sind, gibt es fast immer am Anfang den „Tusch", den „Spannungswecker". Etwas, das unsere Neugier und Spannung weckt. Ein guter Text beherrscht die Kunst, uns dann in Spannung zu halten. Nicht zu sehr, sonst würden wir das als Leser nicht durchhalten. Nicht zu wenig, sonst verlören wir das Interesse. Im Idealfall: Viel Spannung am Anfang. Mittlere Spannung, um uns an die Handlung zu fesseln. Dazwischen leichte Spannungshöhepunkte. Und zum Schluss der große Höhepunkt, der uns belohnt und zufrieden zurücklässt.

Achten Sie auf den dramaturgischen Verlauf Ihres Textes. Immer.

6. (Be-)Schreiben Sie in Bildern.

„Ein Bild sagt mehr als 1000 Worte." Bevor Sie dazu nicken: Drücken Sie bitte diese Aussage in einem Bild aus. Sie werden es nicht schaffen.

Dennoch: Es gibt bildmächtige Wörter, die eine ganze Erlebniswelt zum Leben erwecken. C. G. Jung schreibt über Archetypen. Grob vereinfacht sind das Inhalte/Bilder/Symbole, die im kollektiven Unbewussten des Menschen verankert sind. Und so in dem jeweiligen Kulturkreis verstanden werden.

Es gibt für jeden Markt, für jede Lebenssituation Bild-Wörter. Wenn Sie sie einsetzen, sind die Emotionen auf Ihrer Seite.

Verwenden Sie unverbrauchte Worte und Bilder.

Setzen Sie ausgelutschte Verlegenheits-Begriffe wie **„Problemlösung"**, **„optimal"**, **„genial"**, **„einmalig"** und andere auf Ihren Text-Index. Solche Klischeebegriffe haben Sie nicht nötig.

7. Vermeiden Sie Killerfloskeln und Phrasen.

„… Bezug nehmend auf Ihre Schreiben vom …"

Beginnen Sie Ihren Text nicht mit solchen Schlaftabletten. 08/15-Phrasen signalisieren dem Empfänger eine 08/15-Botschaft. Es sind Killer-Phrasen, die das Wegblättern oder den Wurf in den Papierkorb beschleunigen.

Wenn Sie sich auf etwas beziehen wollen, machen Sie es direkt:

„Über Ihr Schreiben haben wir uns gefreut ..."
Oder:

„Vielen Dank für die Aufgabenstellung. Hier unser Vorschlag: ..."

Wenn Sie eine Vielzahl von Fakten oder Angebotspunkten aufzählen müssen, vermeiden Sie ganze Sätze. Viel besser ist eine sauber gestaltete Darstellung mit vielen Einzelpunkten in Stichworten.

8. Führen Sie mit Ihrer Zielperson immer einen Dialog.
Fälschlicherweise wird häufig Dialog-Texten auf Direkt-Marketing beschränkt. Das ist falsch. Jede schriftliche Kommunikation ist ein Dialog, wenn sie gut gemacht ist. Das heißt: Der Leser muss tatsächlich – aber auch nach seinem Gefühl – die Möglichkeit der Antwort haben. Beziehen Sie deshalb den Leser in Ihren Text ein. Sprechen Sie ihn an. Stellen Sie die Fragen, die er vermutlich fragen würde, wenn Sie direkt mit ihm sprechen würden.

Wahren Sie die schriftliche Etikette – so, wie Sie es in einem Gespräch auch tun würden. Im persönlichen Gespräch fallen Sie auch nicht plump mit der Tür ins Haus und lassen Ihr Gegenüber nicht zu Wort kommen.

Dialog-Texten ist die hohe Schule des Schreibens: Der Leser muss sich von Ihnen verstanden fühlen, obwohl er nicht direkt mit Ihnen spricht.

Selbstverständlich muss der Empfänger Ihrer Botschaft aber auch ganz konkret die Möglichkeit zur Antwort haben. Jedes Werbemittel muss ihm per Fax, Kupon, E-Mail oder Telefonnummer die Möglichkeit zu einer unmittelbaren und einfachen Antwort bieten. Auch dann, wenn Sie genau wissen, dass von dieser Response-Möglichkeit niemand Gebrauch machen wird. Psychologisch wichtig ist, dass überhaupt die Möglichkeit gegeben wird.

9. Redundanz von Headline und Body:
Einprägsam, aber nicht penetrant.

Variieren Sie den Kundennutzen mit verschiedenen Bildern. Das Wichtige darf man ruhig wiederholen. Aber verzichten Sie auf die Holzhammer-Methode. Indem Sie zum Beispiel den Produktnamen im Text immer fett oder herausgehoben bringen. Das ermüdet den Leser und wirkt penetrant.

Denken Sie daran:
Der Leser soll doppelten Spaß haben:
Am Kundennutzen.
Und an der Art, wie Sie ihn beschreiben.

10. Bringen Sie „Beweise“:
Zitate, Autoritäten, Statistiken, Tests, plastische Beispiele und Demonstrationen.
Es gibt einen großen amerikanischen Markenartikler, der in der Werbung einen fast legendären Ruf genießt. Wer für ihn gearbeitet hat, kennt das Prinzip: Ob Anzeige, ob Fernsehspot: Keine Werbung verlässt das Haus, wenn sie nicht mit plastischen Beweisen unterlegt ist.

Die klügere Zahnbürste, die nachgibt und deshalb nicht das Zahnfleisch verletzt.
Demonstriert an der zarten Haut einer Tomate.

Der Apfel, in den man auch im Alter noch kraftvoll beißen kann. Weil eine Zahncreme vor Parodontose schützt.

Die Windel, die nachweisbar mehr Feuchtigkeit aufnimmt und abführt. Demonstriert mit blauer Flüssigkeit.

Das Auto mit Allrad-Antrieb, das eine Ski-Sprungschanze hinauffährt.

Solche plastischen Bilder als Beweise sagen mehr als tausend Behauptungen. Es lohnt sich, darüber nachzudenken, welche Beweise man für das eigene Anliegen einsetzen kann.

Ausnahme: Die Kunst des Selbstverständlichen.

Jedoch:
Es gibt altbekannte, etablierte Marken, die müssen in der Werbung nicht mehr laut und spektakulär auftreten. Sie können es sich leisten, leise und selbstverständlich zu erscheinen. Sie sagen nicht mehr: „Kaufe mich." Sondern: „Hier bin ich."

Solche Marken haben sich im Laufe der Jahrzehnte so selbstverständlich als Bestandteil unseres Lebens etabliert, dass wir sie überhaupt nicht mehr infrage stellen. Sie brauchen einen Text der leisen Töne. So wie in einer guten Freundschaft, die keiner großen Worte mehr bedarf.

Folgerichtig spricht der älteste und lange Zeit erfolgreichste Discounter in Deutschland nicht von „sensationellen Angeboten" oder Ähnlichem. Nein: „Aldi informiert." Schon seit vielen Jahren.

Die Marke Henkel nutzt den Slogan:

„A Brand like a Friend."

Dieser Slogan ist sicherlich Werbung und Mahnung zugleich – in erster Linie an die Marketing-Verantwortlichen im eigenen Haus.

Wenn Sie jedoch nicht über solch eine starke, etablierte Marke verfügen, gilt für Sie das alte Schausteller-Gesetz:
Die Kleinsten müssen sich das Originellste einfallen lassen, damit man sie bemerkt.

11. Finden Sie den Rhythmus, der den Leser zu Ihnen trägt.
Alles in unserem Leben ist rhythmisch. Der Herzschlag. Die Musik. Und natürlich auch die Sprache.

Wenn Sie einen Text geschrieben haben, lesen Sie ihn anschließend sich selbst laut vor. Sie spüren, ob sein Rhythmus Sie trägt. Dann ist er richtig und wird auch in der Stille des Lesens überzeugen.

12. Sammeln Sie für Ihre Wort-Bild-Galerie:
Sammeln Sie besonders plastische und bildhafte Wörter und Texte. Bildmächtige Sprache ist eines der stärksten Tools, die Sie im Wirkungstext einsetzen können. Hier einige Beispiele:

„Die Erde war noch leer und öde,
Dunkel bedeckte sie und wogendes Wasser,
und über den Fluten schwebte Gottes Geist.

Da sprach Gott: „Licht entstehe!",
und das Licht strahlte auf.
Und Gott sah das Licht an: Es war gut."
(Das erste Buch Moses (Genesis))

„Du musst steigen oder sinken,
du musst herrschen und gewinnen
oder dienen und verlieren,
leiden oder triumphieren,
Amboss oder Hammer sein."
(Johann Wolfgang von Goethe)

„Das lauteste Geräusch, das Sie bei
130 km/h hören, ist das Ticken der Uhr."
(David Ogilvy, amerikanischer Werbetexter
und Agenturchef, in einer Anzeige für
Rolls-Royce)

Starten Sie den Film im Kopf

Manche Werbestorys sind so stark, dass sie in den Köpfen und Herzen der Menschen ein Eigenleben entwickeln. Sie werden Bestandteil des allgemeinen Sprachschatzes.
Zum Beispiel:

„Nichts ist unmöglich."
„Nicht immer. Aber immer öfter."
„Geiz ist geil."

Wenn es Ihnen gelingt, eine solch kraftvolle Story zu entwickeln, haben Sie mit diesem „Dauerläufer" eines der wichtigsten Ziele der Kommunikation erreicht.

Praxisübungen:

Üben Sie, in Bildern zu reden. Ideale Gelegenheiten sind zum Beispiel Familienfeiern. Dort besteht für Sie kein Risiko. Sie werden sehen: Je einfacher und bildmächtiger Sie sprechen, desto positiver wird die Resonanz sein. Wahrscheinlich werden Ihnen diese Reden mit wachsender Übung immer mehr Spaß machen. Und: Sie werden wieder eingeladen. Denn nichts schätzen die Gastgeber so sehr wie den anmutig lobenden Gast.

1. *Schreiben Sie hier mindestens zehn Allerwelts-Begriffe auf, die Sie nie wieder verwenden wollen.*

   Schreiben Sie rechts daneben bessere Alternativen.

2. *Wählen Sie eine beliebige Anzeige aus einer Zeitschrift aus. Oder einen Leitartikel aus Ihrer Tageszeitung.*

   Schreiben Sie dann den Text neu. Mit möglichst wenigen Nebensätzen und einer klaren gedanklichen Hauptsatz-Hierarchie. Sie werden feststellen: Je einfacher und gradliniger der Text wird, desto mehr Wirkung entfaltet er. Allein durch diese „Struktur-Reform".

5.

Stecken Sie auf dem Markt Ihren Claim ab: Von der Alleinstellung zum Slogan/Claim

Der Slogan oder Claim als zentrale Botschaft

Wer keinen Slogan/Claim hat, hat kein Konzept. Klingt krass, trifft aber zu. Wenn Sie nicht wissen, was die gemeinsame Klammer Ihres Unternehmens, seiner Produkte und Mitarbeiter ist, dann haben Sie noch nicht gründlich genug darüber nachgedacht. Jedes Unternehmen hat seine „Persönlichkeit". Es lohnt sich, sie zu finden.

Erst in der Analyse. Dann in der Formulierung.

Sprechen Sie dem Geschäft aus der Seele

Was ist der „Spirit" eines Unternehmens, auf welchem Gebiet ist es wirklich einzigartig? Die richtige Antwort auf diese Frage ist marktentscheidend. Auf ihr basiert die langfristige Marketingstrategie ebenso wie das Kommunikationskonzept, das viele Jahre wirksam bleiben soll und muss.

Nach meiner Erfahrung gibt es durchaus einen Zusammenhang zwischen dem qualitativen Leistungsniveau eines Unternehmens und dem Anspruch seiner Kommunikationsstrategie. Vergleichen Sie nur, wie unterschiedlich Wettbewerber auf ihren Märkten agieren. Beispiele:

Die Baumarkt-Kette Hornbach mit ihrer ernsthaften Arbeitsphilosophie:

„Mach es fertig, bevor es dich fertig macht."

Dagegen die aggressive Niedrigpreis-Strategie von Praktiker, die weitgehend auf die Vermittlung von Wertigkeit verzichtet:

„20 Prozent auf alles. Außer Tiernahrung."

Wie man eine aggressive Preis-Strategie mit Wertigkeit verbindet und so aus der „Billigheimer"-Ecke kommt, zeigt hingegen die Kampagne von Lidl.

„Ein Einkauf bei Lidl kann so ziemlich alles sein. Außer teuer."

Textlich etwas holprig. Aber überzeugend in Wertigkeit und Strategie. Der abschließende Slogan überzeugt dann auch in seinem klanglichen Rhythmus:

„Lidl lohnt sich."

„Einmal hin. Alles drin."

Sagt Real. Textlich schön formuliert: Der Claim ist kurz und reimt sich. Aber enthält er für den Verbraucher auch eine attraktive Positionierung?

Sie ähnelt der früheren Positionierung der Kaufhäuser:

**„Der Kaufhof bietet tausendfach
alles unter einem Dach."**

Kann Real diesen Anspruch leisten?
Noch wichtiger: Ist das für die Verbraucher interessant?

Real nutzt damit eine Positionierung, die sich schon für die Warenhäuser als stumpfes Marketing-Schwert erwiesen hat. Zwischen den Fachmärkten und Modeketten einerseits und den Discountern andererseits verlieren Durchschnitts-Sortimente zu Durchschnitts-Preisen zunehmend an Attraktivität.

Real bewegt sich damit auch psychologisch in der gefährlichen Mitte, die zur Zeit gern von oben und von unten angefressen wird.

Smart-Shopping betreiben immer mehr Leute. Verbraucher, die man morgens in der Champagner-Bar und nachmittags beim Discounter trifft.

Hören wir uns auf einem anderen Markt um, der stark von Emotionen geprägt ist. Und der ein schönes Beispiel dafür bietet, wie wichtig die Historie das Marktgeschehen bestimmt.

„Wir geben Ihrer Zukunft ein Zuhause."

Sagt LBS und hat damit den Gattungsnutzen aller Bausparkassen so schön mit Wertigkeit aufgeladen und besetzt, dass dieser Claim kaum zu toppen sein dürfte.

Schwieriger wird es bei der Bausparkasse Schwäbisch Hall:

„Auf diese Steine können Sie bauen."

Dieser Slogan ist alt – es gibt ihn seit 1962, wenn man *www.slogans.de* glauben darf.

Eigentlich wäre dieser Slogan noch besser für eine Bauunternehmung geeignet. Aber auch für eine Bausparkasse ist er einsetzbar. Letztlich ist Geld der wichtigste Baustein für das eigene Zuhause. So weit, so gut.

Doch die Marketingleute von Schwäbisch Hall haben nicht nur einen alten Slogan geerbt, sondern auch ein altes Symboltier: Den Fuchs.

Wenn man solch ein Symbol-Tier hat, sollte es auch zur zentralen Botschaft passen und sie verstärken. Wie zum Beispiel der Fuchs in der Waschmittel-Werbung von Henkel, der als kleiner, smarter Hausfreund

„Spee. Die schlaue Art zu waschen."

verdeutlicht.

Der Schwäbisch-Hall-Fuchs jedoch hat in der heutigen Werbung kaum noch eine Funktion. Ursprünglich stand er sicherlich auch für die „schlaue Art des Bausparens".

Wenn man den Fuchs von Schwäbisch-Hall weiter sinnvoll nutzen will – und er hat ja eine hohe Bekanntheit! – könnte man nach einem Slogan suchen, der die Vertrauenswürdigkeit der gemauerten Steine mit diesem Tier verbindet. Sinngemäß also

„Schlaue Füchse bauen auf diese Steine."

Aber das geht nicht. Einmal klingt der Slogan viel zu altmodisch. Zweitens will sich heute kein Verbraucher mehr als „Fuchs" ansprechen lassen.

Man müsste prüfen, ob sich der Slogan eventuell im Sinn der Fuchs-Schläue erweitern lässt. Sinngemäß:

„Klug gespart.
Auf diese Steine können Sie bauen."

Werbepsychologisch bedenklich wird es für Wüstenrot mit dem Claim

„Dazu hat man Freunde".

Dass sich ein Unternehmen seinen potenziellen Kunden als Freund anbietet, wird von denen selten akzeptiert. Wenn uns ein Verkäufer sagt, er wolle nur unser Bestes, werden wir erst recht misstrauisch.

Ähnliches gilt auch für

„Die Berater-Bank".

In der Werbung hat diese Bank ja nicht nur alles besser gewusst, sondern es mit den Kunden auch besser gemeint als die mit sich selbst.

Grundsätzlich gilt: Was ein Unternehmen in der Werbung verspricht, muss es auch unbedingt halten. Sonst beschleunigt es den eigenen Niedergang.

Wenn man gute Werbung für schlechte Produkte macht, sorgt das dafür, dass diese noch schneller vom Markt verschwinden. Weil nämlich mehr Leute in kürzerer Zeit dieses Produkt/Angebot ausprobieren und es dann enttäuscht meiden.

Einen anderen Hintergrund hat wahrscheinlich der Slogan der Deutschen Bank

„Leistung aus Leidenschaft".

Manchmal werden Slogans entwickelt und eingesetzt, die formal zwar die Kunden ansprechen, in erster Linie jedoch die eigenen Mitarbeiter meinen.

Ich vermute, dass dieser Slogan – zumindest gedanklich – direkt aus der Spitze des Hauses kam. Und zwar zu dem Zeitpunkt, als sich die Deutsche Bank in ihrem Geschäftsmodell neu aufstellte. Er sollte Mahnung und Ansporn für die eigenen Mitarbeiter sein: Um sie auf die Umstrukturierung einzustimmen und sie für leidenschaftliche Leistung zu motivieren.

Der durchschnittliche Kunde der Deutschen Bank hingegen wird zwar auf Leistung Wert legen, weniger jedoch auf Leidenschaft. Ein kühler Kopf seines Bankberaters ist ihm mit Sicherheit lieber.

General Electric verwendet in den letzten Jahren den Slogan

„Imagination at work".

Kein schlechter Slogan für ein Welt-Technologie-Unternehmen, dessen Aktivitäten von dem NBC Television-Network über Medizintechnik bis zu Financial Services reichen.

Siemens ist zur Zeit damit beschäftigt, seine Geschäftsbereiche zu straffen und auf profitable Kernfelder zu konzentrieren. Einen Slogan nutzt das Unternehmen nicht.

Das Unternehmen Miele ist Image- und Technologie-Führer auf seinem Markt. Sein Slogan verdeutlicht kurz und knapp die ständige aufwendige Weiterentwicklung – und zwar nach innen und nach außen:

„Miele. Immer besser."

Auch Burger King sagt es kurz und gut:

„Geschmack ist King."

McDonald's sagt es nicht ganz so knapp, dafür aber vielleicht mit wesentlich mehr emotionaler Wärme:

„McDonald's. Ich liebe es."

Bei diesen beiden Slogans stellen sich gleich mehrere Fragen:

1. Hat McDonald's im Erleben der Zielgruppen die „Emotions-Führerschaft" und Burger King die „Geschmacks-Führerschaft"?
2. Oder ist es genau umgekehrt? Hat eventuell McDonald's Defizite in seiner emotionalen Ausstrahlung und betont die Wärme, während Burger King an seinem Geschmacks-Image feilt?
3. „Liebe" und „lieben" sind starke archetypische Begriffe, die tatsächlich eine ganze Erlebniswelt zum Leben erwecken. Wird eine so hochwertige emotionale Verknüpfung zu einer Hamburger-Kette vom Verbraucher akzeptiert?

Wahrscheinlich ja, vor allem von den Kids. Sonst würde McDonald's diesen Claim nicht einsetzen. Hinzu kommt, dass diese Marke seit vielen Jahren konsequent und zielstrebig auf Kinder als Kernzielgruppe setzt. Und damit zwangsläufig nicht nur die heutigen Eltern gewinnt, sondern auch die Eltern von morgen.

Zum Abschluss noch zwei schöne Beispiele für vergangene Slogans, die beide sehr viel Kraft hatten. Das waren noch fröhliche Zeiten, als Esso **„den Tiger in den Tank“** packte.

Während Aral mit olympischer Einfachheit sagte:

„Aral. Alles super.“

Wichtig für Ihr Resümee:
Nicht immer zahlt sich bessere Werbung und ein besserer Claim aus.

„Aber immer öfter.“

Praxisübungen:
Wir alle wissen, dass Werbung nur einer von vielen Faktoren ist, die den Erfolg eines Produktes bewirken. Wir alle kennen Beispiele für hervorragende Werbung, die trotzdem scheitert. Weil zum Beispiel das Produkt regional nicht präsent ist.

Andererseits kennen wir aber auch Produkte, die sehr erfolgreich sind, obwohl wir ihre Werbung für schlecht halten.

Möglichkeit 1:
Wir gehören nicht zur Zielgruppe, deshalb spricht uns die Werbung nicht an.

Möglichkeit 2:
Die Werbung ist auch für die definierte Zielgruppe schlecht, das Produkt hat aber Stärken, die diesen Nachteil kompensieren. Zum Beispiel eine hervorragende Präsentation im Handel, viele preisgünstige Promotion, eine exzellente Kundenberatung/-betreuung oder andere Faktoren.

Suchen Sie sich nun eine Produktkategorie aus, die für Sie beruflich wichtig ist – oder die Sie interessiert.
Erstellen Sie eine Liste mit den wichtigsten Anbietern auf diesem Markt.
Definieren Sie die wichtigsten Marketing-Parameter, die aus Ihrer Sicht über den Erfolg dieser Produktkategorie entscheiden.

Prüfen Sie jetzt bei allen relevanten Anbietern diese einzelnen Marketingparameter und benoten Sie sie nach dem Schulnoten-System von 1 bis 6.

Berechnen Sie danach für jeden Anbieter die Durchschnittsnote aller Marketingaktivitäten – einschließlich Werbung.

Entspricht nun die von Ihnen ermittelte Rangfolge der einzelnen Unternehmen ihrem wirtschaftlichen Erfolg – oder gibt es hier gravierende Abweichungen? Wenn ja, analysieren Sie, welche Faktoren der Markt anders bewertet als Sie.

Vier beispielhafte Wege, Ihre zentrale Botschaft zu entwickeln

1. Der schnellste Weg:
Sie haben eine faktische Alleinstellung zum Anfassen. Wenn Sie ein Produkt oder eine Idee bewerben wollen, die sich als Gattung von den Mitbewerbern unterscheidet, werden Sie natürlich dieses Alleinstellungsmerkmal sofort ausbauen.
Das erste Spezial-Waschmittel für schwarze Wäsche.
Das erste Elektro-Mobil, das ganz ohne Verbrennungsmotor fährt.
Das erste flüssige Kaffeekonzentrat, das Sie zukünftig statt Pulver zur Kaffeebereitung einsetzen können.

Was auch immer Ihre Neuigkeit ist, sie gehört natürlich in die zentrale Botschaft.

Was ist der entscheidende Nutzen für den Kunden? Wenn Sie dies sauber abgeklärt haben, ist es praktisch nur noch eine Frage der Formulierung.

Arbeiten Sie zu Ihrer eigenen Sicherheit mehrgleisig und entwickeln Sie verschiedene Alternativen, die sich dann in der Endausscheidung (Diskussion) bewähren müssen. Präsentieren Sie dort jedoch nie mehr als drei Alternativen, weil Sie sonst die Gruppe zu sehr verunsichern.

Hüten Sie sich vor „leicht-fertigen" Lösungen. Man spürt bei einem Konzept hinterher sehr schnell, ob es aus Bequemlichkeit rasch mit ein paar nahe liegenden Klischees zusammengeschustert wurde – oder ob die Alleinstellung originär und eigenständig benannt wird.

2. Nutzen Sie die Intelligenz der Gruppe

Gerade unternehmerisch kompetente Menschen wissen meist sehr genau, wo die Kompetenzen und Erfolgschancen ihres Angebots liegen – auch wenn sie das nicht genau benennen können.

Ich habe sehr gute Erfahrungen damit gemacht, die relevanten Entscheidungsträger eines Unternehmens in Gruppenmeetings zusammenzuführen, um sehr schnell die wichtigsten Stärken und Alleinstellungsmerkmale über ein Unternehmen oder seine Produkte zu erfahren.

Vermeiden Sie, über Alleinstellung mit dieser Gruppe zu reden. Fragen Sie einfach nach den stärksten Verkaufsargumenten. Sie werden hinterher gemeinsam mit der Gruppe verschiedene Stichworte haben, die diese Stärken aufzeigen. In der zweiten Stufe selektiert die Gruppe nun die zweitwichtigsten von den wichtigsten Argumenten. Zum Schluss bleiben bei konsequenter Moderation in der Regel nicht mehr als drei bis maximal fünf Argumente/Alleinstellungsmerkmale übrig, die von der gesamten Gruppe als entscheidend angesehen werden.

Bei professioneller Gesprächsführung werden Sie bereits nach zwei bis drei Meetings so verdichtete Ergebnisse bekommen, dass Sie auf dieser Basis die ersten Ansätze für einen Claim entwickeln können.

Praktischer Hinweis: Wahren Sie als Moderator während des Gruppenprozesses strikte Neutralität. Schließen Sie diesen Prozess rechtzeitig ab, bevor in vielen Einzeldiskussionen die gewonnene Verdichtung wieder zerredet wird.

Die Einzelargumente, die Sie jetzt als entscheidend vorgegeben bekommen haben, müssen Sie auf einen gemeinsamen Nenner bringen. Und dafür einen Begriff, ein Gleichnis, ein Symbol entwickeln, das diese Stärken-Kombination nach außen verdeutlicht.

Nehmen wir als Beispiel den schon besprochenen Claim der „Apotheken-Umschau", die kostenlos von den Apotheken an ihre Kunden verteilt wird. Für diese Zeitschrift ist es überlebenswichtig, dass sie für die Apotheken-Kunden so attraktiv erlebt wird, dass die Apotheken mit dieser „Zugabe" ihren Kunden einen echten Mehrwert bieten.

Es geht also einmal darum, das redaktionelle Programm als interessant und überaus nützlich aufzuwerten. Und gleichzeitig einen Nutzen zu bieten, der möglichst eng mit dem Gattungsnutzen von Apotheken verknüpft ist.

Lösung:
Lesen, was gesund macht.

Dieser Claim wird jeweils mit einem Schwerpunktthema, zum Beispiel „Aktiv gegen Herzschwäche", verbunden. Und schon ist die Apotheken-Umschau ein idealer Gesundheitsratgeber mit einem hoch glaubwürdigen Umfeld für die dort geschaltete Werbung.

(Anmerkung: Ob dieser Claim tatsächlich mit der hier beschriebenen Methode entwickelt wurde, entzieht sich der Kenntnis des Autors.)

3. Die assoziative Methode

Arbeiten Sie mit Gleichnissen. Und Vergleichen.

Angenommen, Sie haben ein besonders starkes, langlebiges, robustes Produkt.

Überlegen Sie nun, was so stark ist wie kaum etwas anderes. Und nehmen Sie es als Vergleich. So zum Beispiel wie es „Prefa" tut: „Prefa – Das Dach, stark wie ein Stier."

Dieses Beispiel ist interessant, weil der Stier ein schönes Bild für aktive Stärke ist. Das Dach hingegen muss seine Stärke eigentlich mehr in der Duldung beweisen.
Hier wäre also abzuwägen, ob die Aktivität des „Stark wie ein Stier" im Marketing besser arbeitet als die glaubwürdige Passivität, zum Beispiel „Stark wie eine Rüstung".

Wie auch immer. Wenn Sie „stark wie" bei Google eingeben, finden Sie diverse Nennungen. Von „Stark wie Zwei" (Udo Lindenberg) bis „Die Liebe, stark wie der Tod".
Nicht zu vergessen „Der Bulle von Tölz".

Im nächsten Durchgang ziehen Sie den Radius weiter. Goliath, Samson, Rübezahl, Spartakus als kämpferisch-kriegerische Stärke.
Löwen, wenn die Stärke wehrhaft sein soll.
Burg, wenn unbezwingbar usw.
Dehnen Sie mit jedem Durchgang Ihren Radius weiter aus und Sie werden eine Vielzahl von Claim-Ansätzen erhalten, um die besondere Stärke Ihres Angebots zu verdeutlichen.

Zur Unterstützung der assoziativen Technik eignen sich sehr gut auch zwei sehr simple Kreativitäts-Techniken: Brainstorming und Brainwriting. Beide funktionieren schon hervorragend im Zweierteam.

Bei Brainstorming sagen alle völlig unkontrolliert ihre Assoziationen, die ihnen zu einem vorgegebenen Stichwort einfallen. Kommentare, seien sie positiv oder negativ, sind streng untersagt. Alle Nennungen werden auf Charts geschrieben. Nach Ablauf des Brainstormings werden die interessantesten Ansätze selektiert.

Brainwriting funktioniert ähnlich. In einer Gruppe bis circa sechs Personen werden nach einem Stichwort Assoziationen niedergeschrieben. Dann wird das Blatt an den Nachbarn weitergegeben, der – inspiriert durch diese Assoziationen – weitere neue Gedanken entwickelt.

Auch hier ergeben sich oft viele interessante Ansätze.

4. Reduktion

Bei dieser Methode geht es darum, sich ein Unternehmen, ein Produkt, eine Idee vorzunehmen und alles zu entfernen, was nebensächlich ist. Im Prinzip schnitzen Sie solange an diesem Unternehmen, bis nur noch das Wichtigste und Wesentlichste übrig bleibt: Der Kern.

Dies ist ein ziemlich mühsames und zeitintensives Geschäft. Sie müssen mit vielen Menschen sprechen, Sie müssen selbst in die Details der Unternehmenskultur, der Produktion und der Markterfolge einsteigen, um das Wichtige vom Unwichtigen zu trennen. Diese Methode garantiert Ihnen aber auch den größten Erfolg. Denn Sie werden letztlich das finden und profilieren, das dieses Unternehmen wirklich von allen anderen unterscheidet. Bei manchen Unternehmen ist es die Kreativität, der permanente Erfindungsgeist, der rastlos immer wieder neue Lösungen entwickelt. Bei anderen ist es das kompromisslose Sicherheitsdenken. Bei Dritten eine Serviceorientierung, die nicht ein wohlfeiles Versprechen, sondern gelebte Realität ist. Die Baden-Württemberger beispielsweise, die nach meiner Kenntnis die meisten Patente in Deutschland anmelden, haben für ihren strebsamen Erfindungsreichtum bekanntlich den schönen Claim entwickelt

„Wir können alles. Außer Hochdeutsch."

Durch den zweiten Teil des Claims wird die Arroganz des ersten Teils sympathisch aufgefangen und eine Schwäche zu einer Stärke gemacht.

Die wichtigste Regel für die Werbung:
Keine Regel ohne Ausnahme

Natürlich gibt es noch wesentlich mehr Möglichkeiten, einen Claim zu entwickeln. Nicht zuletzt die alte klassische Methode, tagelang aus immer neuen Perspektiven und Blickwinkeln sich dem Unternehmen, dem Produkt oder der Idee zu nähern. Allerdings ist Zeit heute ein knappes Gut, sodass Ihnen hoffentlich diese vier Techniken schon eine brauchbare Hilfe geben.

Wenn der richtige Slogan gefunden ist, wissen das plötzlich alle.

Es ist immer wieder verblüffend, wie genau eigentlich alle Beteiligten unterschwellig „wissen", welche Kommunikation ihr Unternehmen braucht. Ist das richtige Konzept mit dem erfolgreichen Slogan gefunden, spürt das die ganze Gruppe.

Dies ist der beste Indikator, dass ein Erfolg versprechendes Markt-Konzept gefunden worden ist.

Wenn alle Beteiligten den Unternehmens-Slogan nicht mehr lesen und hören können – gerade dann fängt er an zu wirken.

Wissen Sie, wie viele Slogans das erste Jahr nicht überleben? Über 50 Prozent! Was für eine Geldvernichtung, wenn man bedenkt, wie viel Geld in die Entwicklung und vor allem in die Verbreitung eines Slogans investiert wird.

Natürlich gibt es zyklische Lifestyle-Märkte, für die ständig neue Botschaften entwickelt werden müssen. Davon abgesehen sind es jedoch meist zwei Gründe, warum ein Slogan so kurz nach seiner Entwicklung wieder beerdigt wird:

Der Slogan wirkt nicht. Das Werbekonzept ist ein Fehlschlag.

Oder man möchte etwas Neues. Häufig fällt dieser Wunsch mit dem Start eines neuen Managers zusammen, der mit einer neuen Konzeption auch gern ein Zeichen in eigener Sache setzen möchte.

Erfahrungsgemäß braucht ein Slogan lange, bis er sich bei der Zielgruppe verankert hat. Deshalb beginnt ein Slogan erst dann voll zu wirken, wenn Sie als Manager oder Berater des Unternehmens seiner oft schon überdrüssig sind.

Denken Sie daran:
Wenn uns etwas vertraut ist, wirkt das immer positiv. Ein guter Slogan bestätigt immer wieder das Positive und verstärkt jede Einzelbotschaft, die das Unternehmen an seine Kunden/die Öffentlichkeit richtet.

Praxisübungen:

Entwickeln Sie einen Slogan.

Diese Praxisübung will Ihnen die Bedeutung von Marketing und Werbung nochmals verdeutlichen – gerade bei Marken-Produkten, die sich von Konkurrenzprodukten nicht sichtbar unterscheiden.
Und: sie ist nicht ganz bierernst gemeint.
Am besten erarbeiten Sie diese Übung in einer Gruppe mit KollegInnen.

Es soll ein Slogan entwickelt werden für ein fiktives Produkt.
Ein bekannter Hersteller von Schreibwaren bringt einen völlig neuartigen, hochwertigen Stift auf den Markt.
Dieser Stift ist aus dem wertvollen Holz der Libanonzeder gefertigt. Zudem ist er völlig ungiftig, denn er enthält kein Blei.
Hier kommen wir zum entscheidenden Alleinstellungsmerkmal: Der Stift schreibt nicht.

Er unterscheidet sich damit von jedem anderen Schreibgerät auf dem Markt.
Er bietet seinem Besitzer vielfältige Nutzen:

- *Schecks können mit ihm nicht gefälscht werden.*
- *Nach dem Motto „Was man nicht im Kopf behält, ist sowieso unwichtig" reduziert er den Berg von Notizen, die später ohnehin niemand mehr liest.*
- *Hinzu kommt das entscheidende Statusmerkmal:*
  Ab einer gewissen Position schreibt man nicht mehr. Man lässt schreiben.

Stufe 1: Definieren Sie bitte Ihre Kernzielgruppe.

Stufe 2: Welcher der vielen Nutzen, die dieser Stift bietet, entspricht der Motivation dieser Gruppe?
Gibt es vielleicht mehrere Nutzen, die man zu einem Dachnutzen kombinieren kann?

Stufe 3: Jeder Teilnehmer entwickelt nun maximal fünf alternative Slogan-Vorschläge.

Der Texter des Gewinner-Slogans erhält eine Flasche Wein, die allerdings brüderlich/schwesterlich zu teilen ist.

Und nun viel Spaß!

6.
Markennamen als Transporteure von Botschaften

Nach dem Claim transportieren sie oft die stärkste Botschaft: Markennamen.

Markennamen sind natürlich das Gegenteil von Schall und Rauch. Im Marketing sind sie ein entscheidendes Mittel, sich im Wettbewerb zu profilieren. Die Entwicklung von erfolgreichen Markennamen ist so wichtig und komplex, dass sie ein eigenes Buch erforderte.

In der Praxis kommt es immer wieder vor, dass man für neue Produkte oder Produktgruppen Namen entwickeln muss. Auch Existenzgründer haben sicherlich oft nicht das Geld, eine Agentur mit der Namensentwicklung ihres zukünftigen Unternehmens zu beauftragen.

Hier deshalb einige der wichtigsten Prinzipien und Grundsätze, damit Ihre Namensentwicklung erfolgreich ist.

Der ideale Name:
- Erklärt sich selbst.
- Transportiert den Kundennutzen.

Welche Potenziale hier geweckt werden können, sieht man beispielsweise an dem Markennamen

„Zewa Wisch und Weg".

Dieser Name wurde seinerzeit von mir während einer Konzeptarbeit mit einem Grafik-Partner für eine Düsseldorfer Agentur entwickelt.

Es gab seinerzeit die Chance, dass dieses Produkt eines der ersten Haushaltstücher aus Papier war. Deshalb konnte ich in den Namen den Gattungsnutzen integrieren.

Einen ähnlichen Effekt gibt es übrigens bei Tempo-Taschentüchern, die in der Umgangssprache bis heute stellvertretend für alle Papiertaschentücher stehen.

Die Kommunikation von „Zewa Wisch und Weg" basiert im Prinzip seit Jahrzehnten darauf, den Namen immer wieder neu zu aktualisieren und zu demonstrieren. Hinzu kommt die klangliche Stärke, die sich aus dem Rhythmus von Name und dem Slogan „Mit einem Wisch ist alles weg" ergibt.

Ein weiteres Beispiel für einen Markennamen, der ebenfalls den Benefit (Kundennutzen) transportiert und verdeutlicht:

„LandExpert®".

(®LandExpert ist die eingetragene Marke der Leyen-Nesselrode GbR)

Diese Marke haben wir bei Dilthey & Partner für eine land- und forstwirtschaftliche Unternehmensgruppe entwickelt, die das eigene umfassende Know-how in Beratung und Service anderen Betrieben anbietet.

Der Name verdeutlicht:
- die Spezialisierung auf alle land- und forstwirtschaftlichen Services bis hin zur Golfplatz-Pflege.
- Die langjährige Expertise in diesen Bereichen.

Wer keinen Hund hat, jagt mit der Katze: Alleinstellung durch einen neuen Gattungsnamen

In hart umkämpften Märkten mit hunderten von technischen Einzelprodukten ist es oft unwirtschaftlich oder schlicht nicht möglich, für jedes Produkt einen eigenen Markennamen zu kreieren. In solchen Fällen sollte man versuchen, Produkt-Gruppen zu bilden und diese „Sortimente" durch einen starken Gattungsbegriff aufzuwerten.

Für die SKF Bewegungstechnik GmbH entwickelten wir für die Anzeigen-Werbung den Begriff:

„Das Vorteil"

Dieser Begriff, der mit seinem Artikel natürlich grammatikalisch nicht korrekt ist, kombinierte den Begriff „Vorteil" mit den diversen „Teilen", die das Unternehmen in der Antriebs- und Bewegungstechnik bietet.

Unter dem Dach „Das Vorteil" wurden unterschiedliche Produkte profiliert, die eine Gemeinsamkeit hatten: Einen außerordentlich starken und leicht belegbaren Vorteil gegenüber den Wettbewerbsprodukten.

Prüfen Sie also in jedem Fall, ob Sie nicht in der Kommunikation einen neuen Gattungsbegriff entwickeln können. Häufig ergeben sich dadurch interessante Wettbewerbsvorteile.

Die wichtigsten Schritte in der Namensentwicklung

Versuchen Sie in der ersten Stufe, einen Namen oder eine Namenskombination zu finden, die den zentralen Nutzen beinhaltet, möglichst noch in Kombination mit einer bereits etablierten Marke.

Beispiele:
Nespresso
Airbus
Teefix
(und darunter in direkter Assoziation Fixbutte, Fixmille etc.)

Die assoziative Wirkung des Markennamens
Wenn Ihnen dieser direkte Weg verwehrt ist, müssen Sie mit Assoziationen arbeiten.

Geben wir doch einfach in einer Suchmaschine „Agenturen für Namensentwicklung" ein und schauen uns an, wie solche Agenturen sich selbst benennen:

Nambos GmbH
Phaenomia GmbH
Endmark GmbH
namion.de
Namestorm

Dies ist eine kleine Auswahl von vielen. Bilden Sie sich bitte selbst ein Urteil, welche von diesen Namen Sie überzeugen.

In entwickelten Märkten mit sehr vielen Marken wird es naturgemäß immer schwieriger, noch einen direkten Nutzenbezug im Markennamen einzusetzen. Wort- und Lautkombinationen sollten dann jedoch zumindest indirekt über Assoziationen den Benefit transportieren.

Beispiel **„Evonik"**. Bei diesem Namen standen sicher Kombinationen aus „Evolution" und „Elektronik" Pate.

Zur dritten Gruppe gehören dann Markennamen, bei denen der ursprüngliche Bezug von den Zielgruppen in der Regel nicht mehr nachvollzogen werden kann. Diese Namen können trotzdem durch ihre unterschwellig wirksame Lautkombination durchaus wirksam sein. **„Arcandor"** ist sicherlich ein wertiger Name, auch wenn sein Träger aus völlig anderen Gründen dann keine Chance mehr bekam.

Die größte Hürde für internationale Markennamen ist heute die internationale Absicherung. Also die Notwendigkeit, mit einem einzigen Namen weltweit in jedem wirtschaftlich relevanten Land **positive Reaktionen und Assoziationen** hervorzurufen.

Die größten Fallen sind hier die sehr unterschiedlichen Bedeutungen, die einzelne Lautkombinationen in verschiedenen Ländern haben. Manchmal haben sie in einem Land eine sehr positive Bedeutung, sind hingegen in einem anderen Land ein Schimpfwort.

Bei den Investitionen, die beispielsweise heute bei der weltweiten Einführung eines neuen Automodells getätigt werden müssen, stehen damit erhebliche Kosten zur Disposition.

7.
Die richtige Sprache für jedes Werbemittel

Funktion, Einstieg und Darstellungsmöglichkeiten unterscheiden sich von Kommunikationsmittel zu Kommunikationsmittel. Allerdings verschieben sich hier die Gewichte durch das Internet. Früher erwartete man als Interessent von einem Prospekt, dass dort alle wesentlichen Fragen beantwortet werden. Heute gibt es die Möglichkeit, auf die aktuellen Informationen im Internet zu verweisen. Die Grenzen der einzelnen Werbemittel werden fließend.

Grundsätzlich bietet das Internet für kleine und mittlere Unternehmen die preisgünstigste Möglichkeit, gegebenenfalls sogar weltweit die eigenen Produkte und Dienstleistungen anzubieten. Daneben wird es die klassischen Print-Mittel im begrenzteren Umfang auf absehbare Zeit weiter geben.

Der Brief, der eine Antwort bekommt: Konzept und Texte für Mailings

Der Brief ist nach dem direkten Gespräch das persönlichste Dialog-Mittel, das uns zur Verfügung steht. Dementsprechend groß kann seine Wirkung sein, wenn er richtig gestaltet und eingesetzt wird.

Der Betreff enthält den zentralen Nutzen – hoffentlich in Form einer klaren Alleinstellung. Legen Sie vorher fest, was der Empfänger Ihres Mailings nach dem Durchlesen tun soll. Sofort kaufen? Mit Ihnen Kontakt aufnehmen? Eine kostenlose Info- oder Service-Leistung abrufen?
Ein gutes Mailing-Konzept beginnt mit einem guten Ziel-Konzept.

Der Verkauf per Post erfordert oft viele kleine Schritte – genau so wie in einem persönlichen Verkaufsgespräch.

Unterstützen Sie in jedem Fall das zentrale Angebot durch zwei bis drei attraktive Einzelinformationen und Verstärker – möglichst mit direkter Beweisführung und einem konkreten Nutzenversprechen.

Wir alle wollen möglichst etwas geschenkt bekommen. Und natürlich möchten wir alle schlauer, reicher oder attraktiver sein als unsere Nachbarn und Freunde.

Deshalb bietet fast jedes erfolgreiche Direct-Mailing dem Empfänger ein spezielles „Bonbon". Zum Beispiel ein kleines Geschenk, das er im Fall einer Bestellung erhält.

Was ist das „Bonbon", mit dem Sie die Rücklaufquote Ihres Mailings erhöhen können? Ist es ebenfalls ein kleines Geschenk? Oder eine spezielle Service-Leistung?

Vermeiden Sie bei der Gestaltung eine optische Überladung. Zwei, drei hervorgehobene Textelemente, eventuell ein oder zwei unterstützende Bildelemente, mehr sollte es nicht sein.

Professor Siegfried Vögele beschreibt in seinen Büchern, wie Empfänger von Mailings reagieren. Wie nicht-linear sie zuerst die Unterschrift, dann den Betreff oder möglicherweise etwas ganz anderes lesen. Diese und andere Bücher über Direkt-Marketing seien Ihnen ans Herz gelegt, wenn Sie Direkt-Marketing zu Ihrer Hauptdisziplin machen wollen oder müssen.

Details, die Ihr Mailing erfolgreich machen:

Persönliche Anmutung

Grundsätzlich gilt: Wir alle werden mit Werbemailings überschüttet. Je individueller, je persönlicher ein Mailing auf mich wirkt, desto eher werde ich es öffnen und mich mit ihm beschäftigen.

Die Alternativen:
Ich kommuniziere meine Botschaft möglichst sofort und sehr aufmerksamkeitsstark, zum Beispiel bereits auf dem Umschlag. Dann erreiche ich die, die von dieser Botschaft angesprochen werden. Alle anderen werfen das Mailing sofort weg.

Oder ich gestalte meinen Auftritt in Form eines sehr persönlichen Briefes.

Dazwischen liegen viele Abstufungen, die nicht zuletzt von den Kosten bestimmt werden: Das Aufkleben von Briefmarken ist natürlich teurer als stempeln.

Die Nutzen-Botschaft als Betreff

Der Betreff in diesem Brief ist Ihre Headline. Selbstverständlich enthält er den entscheidenden Nutzen, der den Empfänger motiviert, weiterzulesen. Im Prinzip muss der Betreff genauso gut und kurz und prägnant getextet werden wie beispielsweise die Headline für eine Anzeige.

Dieser Nutzen für den Empfänger ist nun Ihr roter Faden, der durch den Mailingtext führt. Wie lang und wie umfangreich Ihr Mailing sein soll, ist sehr schwer zu sagen. Professionelle Directmarketer berichten immer wieder, dass man im Prinzip jede Variante testen muss, um wirklich sicher zu sein, welche die erfolgreichste ist.

Die Resonanz-Verstärker

Grundsätzlich gilt: Jedes weitere Kommunikationsmittel in einem Mailing steigert in der Regel die Rücklaufquote. Dies bedeutet, das Hauptanschreiben kurz zu halten und mit zusätzlichen Informationsmitteln zu arbeiten.

Beispiele:
Eine separate Produkt-Information.
Ein Referenzblatt, in dem andere Kunden das Produkt positiv bewerten.
Ein separater Gutschein, der Ihnen eine kostenlose oder preisgünstige Leistung anbietet – oder zum Beispiel einen Produkttest oder eine Rücknahmegarantie.
Ein Qualitätszertifikat, wenn möglich, aus einem offiziellen Test.

In der Praxis bestehen Mailings meist aus zwei oder drei Mitteln (neben dem Umschlag):
Das (möglichst) persönliche Anschreiben.
Ein Flyer, der das Angebot beschreibt und erläutert.
Ein zusätzliches Incentive (zum Beispiel ein Beratungs- oder Gewinngutschein, der gleichzeitig für eine Antwort per Post, Fax etc. genutzt werden kann).

Das PS im Brief

Hier sollten Sie noch einmal das wichtigste Argument in irgendeiner Form aufnehmen oder ein zusätzliches Angebot machen. Das PS gehört zu den am intensivsten gelesenen Elementen in einem Brief.

Die telefonische Nachfass-Aktion
Sie hat wenig mit Texten zu tun, wohl aber mit den richtigen Fragen, die bei diesem Nachfass-Anruf gestellt werden sollten. Natürlich werden hier der Empfang, die Erinnerung an das Mailing, der richtige Empfänger und anderes je nach Zielsetzung abgefragt.

Wirkung wie gedruckt: Konzept und Texte für Flyer, Prospekte, Kataloge

„Ich hatte keine Zeit, einen kurzen Brief zu schreiben", soll Goethe gesagt haben. Dieses Zitat trifft immer noch zu. Sich kurz zu fassen kostet mehr Zeit.

Hüten Sie sich vor der Verführung des vielen Platzes. Der Prospekt kann sich nicht wehren. Wohl aber der Leser.

Wenn Sie den Kampf gegen den Papierkorb gewinnen wollen, geizen Sie auch im Prospekt mit jedem Satz. Es sei denn, Sie schreiben Informationsbroschüren zu Themen, die für den Leser einen hohen Unterhaltungswert haben. Zum Beispiel Gartengestaltung, Kochen oder andere amüsante Zeitvertreibe.

Auch beim Prospekt gilt: Das Wichtigste zuerst. Also auf den Titel. Klarer Nutzen. Konsequente Textführung am Nutzen entlang. Attraktive Auflösung der sich daraus ergebenden Einzelnutzen.

Wichtig ist jedoch: Der Leser liest nicht immer linear. Deshalb muss jede Seite bzw. jede Doppelseite wie ein eigenständiges Kapitel aufgebaut werden, das auch ohne den Rest des Prospektes beim Leser besteht. In Attraktivität und Information.

Nirgendwo sonst führen Sie einen so intensiven und ausführlichen Dialog mit dem Leser wie im Prospekt. Sorgen Sie also dafür, dass Ihre Zielperson jederzeit antworten und reagieren kann. Offline und online. Zum Abschluss ein praktischer Tipp: Je mehr Platz Sie jedem einzelnen Satz in einem Prospekt geben, desto größer wird das Gewicht dieses Satzes.

Denken Sie auch daran, welche Botschaft das Format des Prospekts übermittelt. „Taschen-Prospekte" lassen sich nicht nur einfach einstecken, sondern auch ungemein leicht entsorgen. Von einem aufwendigen Prospekt im A4-Format trennt man sich nicht ganz so leichten Herzens. Vor allem dann, wenn er attraktiv und informativ gestaltet ist.

Das Text-Konzept für den Prospekt

Auch beim Prospekt werden wir vorweg eine klare Hierarchie festlegen, in welcher Reihenfolge wir den Interessenten informieren wollen. Im Prinzip wird der Ablauf immer relativ ähnlich sein.

Stufe 1, Titelseite: Verdeutlichung des zentralen Nutzens.

Stufe 2, Vertiefung und Beschreibung des Nutzens.

Stufe 3, Beschreibung von Funktionsweise, Details, Alternativen etc.

Stufe 4, Info-, Test- und/oder Kaufangebot.

Also:
Dramatisierung des Nutzens.
Vertiefung des Nutzens (Was bringt er mir im Einzelnen für Vorteile?)
Rationale Absicherung, die Sicherheit gibt.
Das einzigartige Angebot, völlig ohne jedes Risiko.

Wenn Sie mehrere Angebote in einem Prospekt haben, werden Sie naturgemäß auch öfter diese Einzelstufen durchlaufen. Grundsätzlich müssen Sie dann allerdings immer eine verbindende Klammer finden, die die Nutzen aller Angebote zu einem zentralen Nutzen vereint.

Bauen Sie, wenn möglich, den Prospekt auf wie eine Fortsetzungsgeschichte.
Je mehr Seiten der Leser weiterblättert, desto mehr Chancen hat Ihr Angebot.

Resonanz auf begrenztem Raum: Konzept und Texte für Anzeigen

Früher war die Anzeige das Herzstück, das zentrale Mittel jeder Kampagne. Sie weckte Aufmerksamkeit, sie verkündete den Produktnutzen, sie verkaufte und baute Image auf.

Gleichzeitig war die Anzeige das Nadelöhr für jeden Kreativen – kein anderes Medium (Ausnahme: Plakat) fordert mehr Kürze, mehr Komprimierung, mehr Wirkung auf beschränktem Raum.

Zur Zeit erleben wir einen tief greifenden Wandel in der gesamten Marketing-Kommunikation. Generell verliert der Print-Bereich Marktanteile an den Online-Bereich. Bei den großen Markenartiklern bleibt (zur Zeit noch?) TV-Werbung marketing-entscheidend. Im TV wird das Produkt inszeniert und verkauft. Die Anzeige hingegen wird öfters zu einem Reminder, einer Gedächtnisstütze in Ergänzung des TV-Auftritts.

Für Wirkungstexter bleibt die Anzeige neben TV und Online immer noch eine Königsdisziplin. Wo sonst muss und kann man so kurz, so plakativ und so überzeugend seine Botschaft transportieren? Die Anzeige entlarvt jede Konzept- und Textschwäche. In der TV-Werbung hingegen kann die schwache Produktaussage mit einer starken Inszenierung überspielt werden. Und auch der kleinste Prospekt bietet immer noch Platz, sich unnötig breit zu machen.

Deshalb meine Empfehlung: Präsentieren Sie Ihr Konzept in der Form der Anzeige. Wenn es dort besteht, wird es überall Erfolg haben.

Die Anzeige als „Platzhalter" für Alleinstellung und Inszenierung

Der Aufbau einer Anzeige ist ganz einfach. Wobei gerade das Einfache das Schwierige ist. Eine Headline mit der Alleinstellung, die die Seele der Zielgruppe bewegt.
Drei, vier, fünf Sätze, warum der Nutzen für diese Zielgruppe so wichtig und so vielfältig ist. Vielleicht ein Hinweis, wo es mehr Informationen oder noch mehr Nutzen gibt. Das ist es.

Nur wenige Anzeigen sind heute noch wirkliche „Lese-Anzeigen". Meist müssen Bild und Headline 90 Prozent der Arbeit leisten.

Oft unterschätzt: Die Kleinanzeige

Die Wirkung der Kleinanzeige sollte man nicht unterschätzen. Speziell im Verhältnis zu ihren Kosten kann sie hervorragende Rückläufe generieren.

Kleinanzeigen müssen ein spezielles Angebot offerieren, das man besonders günstig oder kostenlos anfordern kann. Dann bieten sie häufig gute Resonanz zu einem wirklich günstigen Preis-Leistungs-Verhältnis – natürlich neben Internet, Beihefter und Beilage.

Denken Sie daran: Die Aufgabe einer Kleinanzeige ist es nicht, eine komplette Philosophie darzustellen. Sie bietet vielmehr ein besonders günstiges Angebot (das natürlich möglichst auch die Alleinstellung verdeutlichen sollte), um so Rückläufe zu produzieren. Diese Interessenten sind dann handverlesene Zielpersonen, die man mit einem ausführlichen Mailing zielgenau bearbeiten kann.

Fernsehspots: Die Story entscheidet

Jeder Werbe- oder PR-Texter sollte in seinem Leben eine Zeit lang TV-Spots geschrieben haben. Denn dort lernt er das Wichtigste für erfolgreiche Werbung: Erst kommt die Story, dann die Formulierung.

Wenn Sie eine gute Story gefunden haben, ergeben sich Handlung und Formulierung fast von selbst.

Wer deshalb nicht in Botschaften und Storys denkt, kann sich zwar hinter Wort-Akrobatik verstecken. Aber erfolgreiche Spots wird er damit nicht schreiben.

Gute Werbefilme können sich heute nicht nur mit Hollywood messen, sie werden teilweise auch dort gedreht. Neben der überzeugenden Story und der professionellen Schreibe ist hier der Texter vor allem in seiner Teamarbeit gefordert. Aus dem Miteinander von Regisseur, Schauspielern und Kameraleuten entstehen Spots, die mehr Wirkung entfalten als jedes andere Kommunikationsmittel.

Ein guter Spot kämpft um jede Sekunde, ohne dass der Zuschauer davon im Ergebnis etwas merkt.

Reden, Mimik, Gesten, Musik – als Texter wird man bescheiden, wenn man sieht, wie viele verschiedene „Sprachen" es neben dem gesprochenen Wort noch gibt.

Diktieren Sie Ihren Rundfunk-Spot mit verbundenen Augen

Sprechen Sie Ihren Spot in ein Aufnahmegerät, statt ihn niederzuschreiben. Hörfunkspots vertragen kein Schriftdeutsch. Weil ihre Botschaft ganz kurz und präzise sein muss, damit sie durchkommt. Und weil diese Botschaft – ohne Penetranz – auch noch wiederholt werden muss, damit sie haften bleibt.

Hörfunk-Werbung ist die hohe Schule der Lautmalerei. Sie kombiniert ein unverwechselbares akustische Signal, einen flotten Rhythmus und einige wenige Kernsätze mit hohem emotionalem Appeal.

Die Instant-Story: Das Plakat

Wer stellt sich vor ein Plakat und liest es? Kaum jemand. Das Plakat ist ein Medium, das primär im Vorüberfahren gelesen wird. Kürzer kann und muss sich kein Werbemittel fassen.

Durch seine Größe ist es das ideale Medium für einfache Botschaften.

Wenn Sie es schaffen, Ihre Werbung in einer einzigen Headline zu komprimieren, dann bekommt sie auf dem Plakat eine Wucht wie bei keinem anderen Print-Medium. Speziell in der 18/1-Ausführung.

Kurz. Kürzer. Online-Texten

Wenn es jemals einer Begründung bedürfte hätte, warum jeder Text möglichst kurz, möglichst prägnant und mit zentraler Botschaft gehalten sein sollte: Der Online-Bereich bietet sie. Seien es Websites, Newsletter oder Online-Anzeigen.

Im Online-Bereich verwandelt sich der Leser/Besucher endgültig in ein flüchtiges Reh. Er zappt und klickt und springt von Infohäppchen zu Infohäppchen. Kommt blitzschnell und ist genau so schnell auch wieder weg.

Stellen Sie sich bitte vor, Sie müssten sich wie früher in den Alpen von Berg zu Berg verständigen. Durch lautes Rufen. Würden Sie Ihrem Adressaten auf dem nächsten Gipfel in diesem Fall wohlformulierte Sätze zubrüllen? Natürlich nicht. Sie rufen einige wenige Worte, die alles Wesentliche enthalten. Im Prinzip müssen Sie also online in etwa so schreiben, wie möglicherweise Ihr Lieblings-Gemüseverkäufer spricht.

Unterteilen Sie also Ihr großes Butterbrot in viele kleine, appetitliche Happen. Die Sie dann so komprimieren, dass im Endeffekt beim User die Botschaft ankommt.

Also viele kurze, informative Subheadlines mit ebenso kurzen, kompakten Infotexten. Der Besucher verschafft sich erst einen Überblick. Wenn er sich dann ausführlich informieren will, klickt er das Informationsangebot an und ist dann auch bereit, mehr Zeit zu investieren. Aber erst dann.

Die zweite wichtige Kunst des Online-Textes: Sie müssen Werbung machen, aber niemand soll es merken. Denn die Online-Gemeinde ist noch stärker als der normale Endverbraucher der Meinung, dass man nur Fakten braucht. Und nur nach Fakten entscheidet.

Da Sie und ich inzwischen wissen, dass man in der Werbung zu viel Zeit und Kraft verliert, wenn man gegen starke Vorurteile ankämpft, bedienen wir uns also dieses Vorurteils und bringen Werbe-„Fakten".

Tests, Zitate, Empfehlungen anderer Leser und Nutzer etc. sind also hier noch wichtigere Verstärker als im Print-Bereich.

Dabei hat Online-Texten eine überaus segensreiche erzieherische Wirkung: Im Adword-Marketing, bei Google beispielsweise, muss man sich auf einen Suchbegriff konzentrieren. Wer bis jetzt Probleme hatte, auf den Punkt zu kommen, der lernt es endlich hier. Oder gar nicht.

Die drei wichtigsten Regeln im Internet: Usability, usability, usability

Die größten und erfolgreichsten Internet-Unternehmen haben meist die einfachsten Websites. Einfach heißt schnell, übersichtlich, leicht verständlich. Der Komfort für den Besucher ist entscheidend. Verzichten Sie deshalb auch auf Spielereien. Konzentrieren Sie sich auf das absolut Wesentliche. Das haben Sie ja schon bei der Erarbeitung von Wirkungstexten im Printbereich gelernt. Es sei denn, Sie betreten die große digitale Welt der Unterhaltung und Spiele. Dort gelten andere Gesetze.

Texte für Überflieger

Der Online-Besucher liest nicht mehr, er überfliegt Ihre Texte. Das hat nicht nur Konsequenzen für Ihre Art zu schreiben. Sondern auch für die technische Darstellung der Texte.

Bevorzugen Sie schnörkellose Schriften

Fachlich korrekt ausgedrückt: Schriften ohne Serifen. Schriften ohne Serifen sind beispielsweise „Verdana", „Arial" oder (bei MAC) „Sans Serif". Die Schrift „Times New Roman" hingegen hat Serifen.

In der Online-Gemeinde gibt es zwei Fraktionen mit unterschiedlichen Meinungen über die Lesbarkeit. Im Zweifelsfalle sollten Sie sich für eine Schrift mit moderner Anmutung entscheiden. Und dies ist wahrscheinlich eine Schrift ohne Serifen.

Will Ihr Gestaltungs-Konzept jedoch Werte aus der guten alten Zeit vermitteln, können ausgeprägte Serifen sehr hilfreich sein.

Gute Texte sollten auch gut lesbar sein

Es ist verwunderlich, auf wie vielen Websites die Lesbarkeit der Texte durch grafische Spielereien beeinträchtigt werden. Einfache Empfehlung für die Gestaltung: Möglichst dunkle Schriften auf hellem Hintergrund sind am besten lesbar. Hüten Sie sich vor „edlen“ Ton-in-Ton-Gestaltungen. Im Print-Bereich schafft das Grauwert, im Internet 0 Wert.

Je einfacher die Navigation, desto länger bleibt der Surfer auf Ihrem Kurs

Das Thema sprengt mit Sicherheit den Rahmen dieses Buchs. Dennoch dieser Hinweis. Denn Ihre Texte wirken nur, wenn sie gefunden werden. Kämpfen Sie also dafür, dass die Navigation möglichst nachvollziehbar und verständlich konzipiert ist. Wir sprechen hier über den Kern der Usability, über Strukturen, denen der Surfer intuitiv folgen kann. Wie heißt es auf *www.aboutwebdesign.de*:

„Ein Surfer, der eine Navigation nicht versteht, ist ein unzufriedener Surfer, und die sind schlecht fürs Geschäft.“

Bieten Sie als Möglichkeit zusätzliche Infos und Links.
Das mögen nicht nur die Besucher. Sondern auch die Suchmaschinen.

Je intensiver sich der Besucher mit Ihrem Thema beschäftigt, desto länger dürfen die Texte werden, die Sie ihm zumuten. Haben Sie für einen Hobby-Interessenten wichtige Informationen, dann können Sie linear schreiben. Sie sollten allerdings darauf achten, dass die Kapitel kurz und übersichtlich gehalten sind.

Das gleiche gilt beispielsweise für Newsletter. Wie bei jedem anderen Medium entscheidet der Aufmacher, ob der Leser einsteigt. Grundsätzlich jedoch gilt wie bei jedem Wirkungstext: Geizen Sie mit jedem Wort. Der Leser/Besucher wird es Ihnen danken.

Praxisübung:
Entwickeln Sie die zehn stärksten Adwords für Ihr Angebot. Schreiben Sie zehn kurze Adword-Anzeigen und testen Sie sie im Internet. Optimieren Sie anschließend die drei Online-Anzeigen mit der besten Resonanz. Prüfen Sie gleichzeitig, ob es noch stärkere Adwords gibt.

Synergie-Effekte für mehr Wirkung: Integrierte Werbung

In der Regel werden Sie für Ihre Werbung nicht nur ein Mittel einsetzen, sondern mehrere. Zum Beispiel eine Anzeige und einen Werbebrief mit beiliegendem Flyer, um eine klassische Kombination zu nennen. Natürlich ist selbstverständlich, dass die zentrale Botschaft in allen Werbemitteln dominant präsentiert wird. Werbebrief und beiliegender Flyer setzen unterschiedliche Akzente, untermauern aber beide die zentrale Botschaft.

Nehmen wir nach all den ernsthaften Fällen aus der Marketingpraxis nun ein etwas heiteres Beispiel aus dem Privatbereich. Auch eine Prise Humor kann durchaus fördernd wirken.

Sie sind Vorsitzender eines regionalen Dackelvereins und möchten eine kleine Werbeaktion starten. Anlass und Aufhänger könnte die regionale Zuchtschau sein, die Sie jedes Jahr einmal gemeinsam mit den Züchtern Ihrer Gruppe durchführen.

Primär geht es zuerst darum, potenzielle Interessenten dazu zu bewegen, sich die nächste Zuchtschau anzuschauen, um so vielleicht späteres Interesse an dem Kauf eines Dackels zu wecken.

Zentrales Mittel dieser kleinen Aktion ist eine Anzeige in den regionalen Anzeigenblättern.

Natürlich können Sie die Headline dieser Anzeige sachlich halten, zum Beispiel:

Jahres-Zuchtschau für Dackel

Dieser Aufhänger ist sachlich richtig. Nun ist eine Zuchtschau für Dackel nichts, auf das viele Menschen gespannt warten. Sie müssen also versuchen, diesen Anlass aufzuwerten. Indem Sie peppiger formulieren.

Beispiel:

Schlagzeile: **Schönheiten mit kurzen Beinen:**
Unterzeile: **Große Dackel-Zuchtschau am kommenden-Sonntag**

Machen Sie nach diesem launigen Aufhänger jetzt nicht den Fehler, den Informationstext „breit" zu schreiben. Kommen Sie möglichst schnell und direkt zum Thema. Also sinngemäß so:

„Was eine wahre Dackelschönheit ist, darüber hat Zuchtwart Helmut Köhnen eine sehr genaue Vorstellung. Kurze, kräftige Beine, eine ausgeprägte Schnauze und ein lang gestreckter, gerader Rücken entsprechen seinem Schönheitsideal."

Natürlich können Sie versuchen, den Aufhänger noch peppiger zu gestalten.

Beispiel:

„Und ewig lockt das Weib mit den kurzen Beinen.
Große Dackel-Zuchtschau am kommenden Sonntag"

Auch wenn Dackeldame Moni ihren auserwählten Kavalier gern erhören würde, läuft so lange nichts, bis Zuchtwart Helmut Köhnen sein Einverständnis gegeben hat. Denn er wacht über die Schönheitsmerkmale dieser eigenwilligen Hunderasse ..."

Als Resonanzverstärker bieten Sie in dieser Anzeige eine interessante Broschüre über Dackel an. Wer zu der Zuchtschau nicht kommen kann, bekommt sie per Post.

Diese kleine Broschüre könnte beispielsweise den Titel haben:

„Warum der Dackel so kurze Beine hat"

In diesem Text können Sie dann über seine Eignung als Erdhund berichten, seine Charaktereigenschaften als Familienhund und all das, was potenzielle Dackelbesitzer interessieren könnte. Aber auch für diese Broschüre gilt: Bleiben Sie in den Texten kurz. Bringen Sie dafür mehrere schöne Bilder, die die Leute zusätzlich begeistern.

Wer sich als Interessent an Sie wendet, bekommt die Informationsbroschüre. Natürlich mit einem passend formulierten Brief, der nun auch um Mitglieder wirbt.

Während in der Broschüre hauptsächlich über den Dackel informiert wird, werben Sie nun in dem Begleitbrief für den Club und die Mitgliedschaft in Ihrer Regionalgruppe.

In Anlehnung und Fortsetzung der Broschüre kann beispielsweise der Betreff lauten:

**„Warum der Dackel nicht nur kurze Beine,
sondern auch so viele Freunde hat"**

Sinngemäß werden Sie dann im Brieftext fortfahren:
„So gesellig Dackel sind, so gesellig sind meist auch ihre Besitzer ..."

Mit diesem Einstieg werden Sie dann die gemeinsamen Unternehmungen, die Welpenschule und die regelmäßigen Stammtischabende anbieten.

Zum Abschluss unterschreiben Sie diesen Brief für einen kleinen Schmunzler

„mit kurzbeinigen Grüßen".

Wer auch in diesem Fall auf das schulmäßige Direktmarketing-Vorgehen nicht verzichten will, ruft nach einigen Tagen beim Empfänger an und fragt, ob noch weitere Informationen gewünscht werden ...

8.
Was Ihre Texte noch besser macht

Auch eine gute Idee und ein überzeugender Text lassen sich noch verbessern. Hier einige praxistaugliche Tipps:

Testen Sie sich zum Erfolg

Selbstvertrauen ist gut. Testen ist besser. Speziell im Direkt-Marketing und bei Online-Werbemaßnahmen testen Profis alternative Werbeaussagen gegeneinander, um die Werbeform mit der höchsten Wirksamkeit beim Kunden zu finden. Die Ergebnisse solcher Tests sind immer wieder erfrischend, denn nicht selten gewinnen bei den Kunden ganz andere Konzepte als die von der Agentur oder dem Werbeleiter favorisierte Version.

Durch ihre gute Messbarkeit über Rücklaufkontrollen oder Click-Verhalten sind die modernen Werbeformen klar im Vorteil gegenüber klassischer (Print-)Werbung.

Wenn Sie für klassische Werbung Konzepte oder einzelne Textobjekte testen wollen, können Sie das in Form von Gruppendiskussionen, Einzelinterviews oder telefonischen Zielgruppeninterviews tun – vorausgesetzt, Sie wollen nicht mit einer größeren Marktforschungsaktion ein professionelles Institut beauftragen.

Wenn Sie selbst testen, hier einige einfache Regeln:

- Belügen Sie sich nicht selbst.
- Erklären Sie nicht vor dem Test Bild und Text.
  Auf dem Markt tut es auch niemand.
- Nehmen Sie Testpersonen aus Ihrer Zielgruppe, nicht aus Ihrem Freundeskreis.

- Wenn nicht sofort spontane Zustimmung kommt, kommt sie später auch nicht.
- Testen Sie Ihre Ideen bei der Zielgruppe, die am kritischsten ist.

Lernen Sie von den Besten

Zum Beispiel von den Buchclubs (Bertelsmann), den Wein- und Spirituosen-Versendern (zum Beispiel Hanseatisches Wein- und Sektkontor), Automobilclubs (zum Beispiel ADAC), Versicherungen und vielen anderen.

Diese großen Direkt-Marketing-Unternehmen verbessern ständig jede einzelne Aussendung und haben ein ausgefeiltes System verschiedener Mittel, die in einem Mailing kombiniert werden.

Sie werden feststellen, dass fast immer folgende Mittel eingesetzt werden:
Persönliches Anschreiben mit allgemeiner Ansprache und Information, Gutschein, separater Produktinformation, Testimonials von begeisterten Kunden, gegebenenfalls weitere Verstärker.

Praxisübung:
Analysieren Sie die einzelnen Mittel und ihr Wirkungsgeflecht untereinander und übertragen Sie dieses System – soweit es sinnvoll und finanzierbar ist – auf Ihre eigenen Mailings.

Wie Sie sonst noch testen können

Die Gruppen-Diskussion

Sie verlangt einen erfahrenen Moderator, der nicht unbewusst beeinflusst. In einer gelenkten Gruppendiskussion diskutieren Menschen aus der Kernzielgruppe mögliche Vor- und Nachteile sowie alle anderen Aspekte Ihres Angebots.

Wenn diese Diskussions-Gruppe beispielsweise aus erfahrenen Handelsmitarbeitern besteht, können Sie in wenigen Stunden sehr viel über Ihren Markt und Ihre Zielgruppen lernen.

Wichtig:
Notieren Sie die markantesten Äußerungen während der Diskussion. Oft finden Sie damit schon gute Ansatzpunkte für Ihre spätere Werbekampagne.
Hilfreich kann es auch sein, wenn ein oder zwei Mitarbeiter aus einem Nebenraum sich ganz auf die Körpersprache der Diskussions-Teilnehmer konzentrieren. Gerade ihre Ablehnung äußern viele Menschen nicht verbal, sondern durch körpersprachliche Signale.
Durch diese Beobachtung wird die Aussagekraft der Gruppendiskussion nochmals verbessert.

Den Menschen ins Gehirn schauen: Neuromarketing
Schon Luther forderte, „den Leuten aufs Maul zu sehen". Für den Werbe- oder PR-Texter ist das ohnehin eine tägliche Pflichtübung.

Die Frage, was den Menschen im Inneren bewegt, ist so alt wie die Werbung. Was treibt ihn zu seinen Entscheidungen, wie kann er beeinflusst werden? Schon immer hat die Forschung nach Wegen gesucht, die wahren Motive des Menschen zu ergründen und objektiv zu messen. Darüber ist der Lügendetektor inzwischen schon hundert Jahre alt geworden.

Heute findet man die Wahrheit im Magnetresonanztomographen. Dort wird immer besser sichtbar, was in unserem Gehirn passiert. Welche Außenreize die verschiedenen Areale unseres Gehirns aktivieren, zum Beispiel beim Betrachten eines Werbespots oder eines Logos. Man hat inzwischen festgestellt, dass bekannte Markennamen das Belohnungszentrum bei uns aktivieren. Und so Glücksgefühle auslösen.

Wird „mit Hilfe der Hirnforschung die Werbung revolutioniert"? fragt der *KulturSPIEGEL* 1/2010. Bestimmt werden wir neue Erkenntnisse gewinnen, wahrscheinlich auch mehr Sicherheit in der Konzept-Findung und -Absicherung.

Wer heute über Test-Methoden redet, muss auf dieses Gebiet hinweisen. Und darauf, dass es sicherlich lohnt, diese Entwicklung zu verfolgen. Sie sollten sich also auf dem Laufenden halten.

Selbst die besten Tests schützen nicht immer vor Flops

Jede Testsituation ist künstlich – es sein denn, Sie haben genügend Mittel, auf einem Testmarkt unter natürlichen Bedingungen Ihr Angebot zur Wahl zu stellen.

Es gibt immer wieder Kampagnen, die im Test gesiegt haben und dennoch auf dem Markt durchgefallen sind. Und umgekehrt.

Wirkungs-Verstärker im Marketing

Künstliche Verknappung
Bei der künstlichen Verknappung wird beim Kunden der Eindruck erweckt, dass nur eine begrenzte Anzahl zur Verfügung steht („So lange der Vorrat reicht").

Funktioniert nur bei bestimmten Zielgruppen und muss sehr glaubwürdig aufgebaut sein. Künstliche Verknappung steigert die Attraktivität eines Produkts durch Limitierung von Vorrat, Auflage, Teilnehmerzahl, Zeit etc.

Natürlich gibt es auch den gegensätzlichen Fall: Sehr attraktive Niedrigpreis-Angebote, die viele Interessenten in das Geschäft bringen sollen. Und die nach einer Stunde tatsächlich ausverkauft sind. Diese Praxis beschäftigt inzwischen auch die Gerichte.

Glaubwürdigkeits-Verstärker
Garantien, Testimonials (Beurteilungen anderer Kunden), beweisbare Fakten, Testergebnisse – sie alle sind starke Hilfen bei der Überzeugungsarbeit. Siegel und Testate von neutralen Organisationen wie „Stiftung Warentest" und „Öko-Test" sind in ihrer Wirkung nicht zu unterschätzen.

Umbrella-Konzepte: Getrennt aktivieren, gemeinsam profitieren

Nur wenn sich alle kaufrelevanten Zielgruppen auf dem Markt bewegen, bewegt sich der Markt.

Gerade auf technischen Märkten haben wir verschiedene Teil-Entscheider, die erst in ihrer Gesamtheit zum Kaufentscheid führen: Entwicklung/Konstrukteure (technische Vorgaben), Einkauf (Preis), Verkauf (Marktchancen) u.a.

Also:
Alle wichtigen Zielgruppen ansprechen: Möglichst gleichzeitig. Oder in der Reihenfolge des Produktentscheids.

Einmal ist keinmal: Alle wichtigen Zielgruppen möglichst mehrmals ansprechen.

Text-Identität für Umbrella-Konzepte
Immer: Die Sprache muss unternehmenstypisch, produkttypisch und zielgruppentypisch sein. Natürlich auch die Gestaltung.

Praxisübung:
Sie sollen für einen neuen Elektro-Rasenmäher werben, der ausschließlich über Solar-Energie aufgeladen wird.
Headline sinngemäß:

„Mähen Sie mit Sonnenkraft."

In konsequenter Ansprache aller beteiligten Zielgruppen müssen ein oder mehrere Anstöße für folgende Gruppen entwickelt werden: Außendienst des eigenen Unternehmens.
Headline sinngemäß:

„Überzeugen Sie mit Sonnenkraft."

Einzelhandel, gegebenenfalls auch Baumärkte:
Headline sinngemäß:

„Gewinnen Sie mit Sonnenkraft."

Baumärkte und Handel:
Verkaufspersonal Geschäft und Baumärkte:
Headline sinngemäß:

„Sonnige Zeigen für gute Verkäufer."

Endverbraucher (Prospekt, Display etc.)
Headline sinngemäß:

„Machen Sie mit Sonnenkraft einen guten Schnitt."

Entwickeln Sie für die vorgenannten Zielgruppen bessere (alternative) Headlines. Suchen Sie die jeweils beste Variante aus und schreiben Sie dazu den Bodytext.

Denken Sie daran: Jede Zielgruppe will nutzen-spezifisch angesprochen werden. Insgesamt müssen sich aber alle Texte und Argumente in einer Erlebnis- und Vorteilswelt bewegen.

Kommunizieren Sie authentisch – Seien Sie möglichst „echt"

Für den Zahnarzt in der Dr. Best-Werbung wurde angeblich in den USA ein „echter" Zahnarzt gesucht, der tatsächlich Dr. Best heißt. Die Glaubwürdigkeit ist entsprechend hoch – auch wenn bei professionellen Akteuren die Schauspiel-Leistung besser wäre.

Ein weiteres gutes Beispiel:
Die Aktion der Zeitschrift *Brigitte*, grundsätzlich keine professionellen Models mehr für ihre eigenen Modestrecken zu engagieren.

Nutzen Sie den Mitläufereffekt

Nicht nur in der Schule war gern jeder bei der stärkeren Mannschaft. Argumente wie „Das meistgekaufte Produkt seiner Klasse" sind unverändert überzeugend. Die meisten von uns möchten gerne zur Mehrheit gehören. Bei Wahlen ist dieser Effekt so stark, dass kurz vor der Wahl keine Meinungsumfragen mehr veröffentlicht werden.
Natürlich lieben wir Testsieger. In Abänderung des Zitats von Friedrich dem Großen gilt, dass auch im Marketing die Menschen gern mit dem stärksten Bataillon marschieren.

Kritische Verbraucher-Schützer werden allerdings mehr den Spruch meines verstorbenen Partners Rainer Willingstorfer schätzen. Bei besonders dümmlichem Einsatz des Mitläufer-Effekts pflegte er ironisch zu sagen:
„Kaufe verdorbenes Fleisch. Tausend Fliegen können sich nicht irren."

Nutzen Sie die Kraft der Bildersprache

Wer keine belegbaren Argumente anführen kann, macht es indirekt. Wahrscheinlich werden Sie sich noch an die Kampagne des „Weißen Riesen" mit der „Riesen-Waschkraft" erinnern. Wettbewerbsrechtlich unangreifbar, ist die Kampagne ein schönes Beispiel, welche suggestive Kraft plastische Bildersprache entfalten kann. „Frühlingsfrisch", „federleicht", „babyzart" etc. ... dies sind Wörter, die flink an unserem kritischen Gehirn vorbei direkt zu Herzen gehen. Insbesondere dann, wenn sie durch emotionale Bilder weiter verstärkt werden.

Zitieren Sie Menschen – Nichts interessiert Menschen so sehr wie Menschen

Das *Time-Magazine* hat Jahrzehnte lang auf seiner Titelseite meist nur Menschen gezeigt. Jede Woche ein anderes Gesicht. Dieses Konzept wurde bei der Gründung des Spiegels in Deutschland übernommen und viele Jahre beibehalten. Ein Großteil unserer Medien lebt davon, dass sie vorrangig über Menschen berichten. Talkshows gehören zu den erfolgreichsten Formaten. Nur wenig interessiert Menschen so sehr wie andere Menschen. Nutzen Sie das für Ihren Text. Ein glaubwürdiges Zitat ist stärker als viele Produktanpreisungen. Die Kraft der „Testimonials", also der Werbung durch zum Teil prominente Menschen, ist nach wie vor ungebrochen und erfolgreich. Vorausgesetzt, die Werbefigur ist nicht verschlissen.

Achten Sie auf die richtige Wertigkeit

Wer in einem Smoking zu einem Fußballspiel geht, wird sich in der Regel lächerlich machen. Genau so wie derjenige, der in kurzen Hosen und T-Shirt auf einem Cocktail-Empfang erscheint. Alles im Leben hat seine Wertigkeit. Dies gilt besonders für die Kommunikation. Achten Sie darauf, dass Ihre Botschaft im Verhältnis zu Ihrem Angebot weder zu hoch noch zu tief in der Werteskala angesiedelt ist. Sonst wird sie unglaubwürdig und nicht mehr akzeptiert.

Jedes Medium hat seine eigene Botschaft

„The Medium is the Message", sagte der amerikanische Medienforscher Marshall McLuhan schon in den 70er-Jahren. Will heißen: Naturgemäß hat jedes Medium, jeder Titel seine eigene Zielgruppe, seine eigenen Schwerpunktthemen und seine spezifische Akzeptanz. Denken Sie daran, wo Ihr Text erscheint, wenn Sie ihn schreiben. Ein Text für kirchliche Belange wird in einem Bistumsblatt wesentlich mehr Akzeptanz finden als im Playboy. Auf der anderen Seite findet er im Playboy wegen seines Seltenheitswertes vielleicht mehr Aufmerksamkeit.

Ihr Text muss nicht nur Ihrem Angebot gerecht werden, sondern auch dem Unternehmen und dem Medium. Im Zweifelsfall vermeiden Sie das Medium, das diesen Dreiklang nicht erlaubt.

Also: Nutzen Sie die Wirkung des jeweiligen Mediums als Verstärker für Ihre eigene Botschaft. Vergewissern Sie sich im Zweifelsfalle, dass die Profile von Ihrem Produkt und dem Werbemedium kompatibel sind. Fast alle größeren Verlage bieten in ihren qualitativen Media-Daten aussagefähige Informationen.

Praxisübung:

Ihre Botschaft:

____

____

____

Wählen Sie nun die fünf stärksten Medien (Online und offline) aus, die diese Botschaft am besten transportieren.

1. ______________________________

2. ______________________________

3. ______________________________

4. ______________________________

5. ______________________________

Gegebenenfalls Begründung:

____

____

____

____

9.

Text-Tuning: Letzter Wirkungs-Test für Ihren Text

Nun haben Sie sich bis hierhin durch das Buch gearbeitet. Vorweg erst einmal: Respekt! Doch noch sind Sie nicht ganz fertig. Auch wenn es Ihnen vielleicht lästig und sinnlos vorkommt: Bitte gehen Sie nochmals den Text durch.

Checklisten haben den Vorteil, dass sie uns vor Blindheit schützen. Diese Gefahr besteht bei der Arbeit an jedem Projekt. Irgendwann wird man etwas müde, etwas unaufmerksam, und schon vergisst man einen wichtigen Punkt.

Davor schützt Sie die nachfolgende Checkliste. Bitte prüfen Sie Ihren Text noch einmal Punkt für Punkt:

- Ist der Kunden-Nutzen bestmöglich verdeutlicht?

- Wird er möglichst schnell und direkt kommuniziert?

- Stimmt die dramaturgische Linie des Textes (analog zu Theater, Musik etc.)?

- Bleibt der Text in einem harmonischen Rhythmus? (Laut vorlesen)

- Gibt es Wörter, die entbehrlich sind?

- Haben Sie das bestmögliche Bild gewählt?

- Sind alle Sätze kurz und aktiv?

- Endet der Text mit dem wichtigsten Anreiz, den Sie der Zielperson bieten können?

- Ist Ihr Angebot zweifelsfrei klar?

- Gibt es den durchgehenden Roten Faden?
  Nicht nur in der Anzeigen, sondern im gesamten Konzept?

- Haben Sie so geschrieben, wie Ihre Zielgruppe spricht – oder so, wie Ihre Zielgruppe angesprochen werden möchte?

- Ist Ihre Headline so attraktiv, dass man nach drei Sekunden noch weiterlesen möchte?

- Hält Ihr Text den Spannungsbogen vom Anfang bis zum Schluss?

- Erhält der Empfänger Ihrer Botschaft einen zweifachen Mehrwert?
  Einmal als Nachricht?
  Zum anderen als Lesevergnügen?

- Gefällt dieser Text Ihrer letzten Instanz?
  (Ihre letzte Instanz ist die Person, der Sie ein großes textliches Urteilsvermögen zutrauen. Und die nochmals als unbeteiligte(r) Dritte(r) den gesamten Text auf Verständlichkeit, Flüssigkeit und Attraktivität überprüft.

Wenn Sie jede dieser Fragen mit einem klaren Ja beantworten konnten:

Herzlichen Glückwunsch.
Ihr Text wird wirken!

10.
Wie Sie Ihre persönliche Arbeitssituation verbessern: Ein paar Tipps aus eigener Erfahrung

Aus meinen Seminaren und meiner eigenen Arbeit weiß ich sehr gut, unter welch hohem Druck heute Texterinnen und Texter arbeiten.

Aus diesem Grund hier einige persönliche Tipps, die Ihnen vielleicht manchmal die Arbeit etwas erleichtern.

Einigkeit schreibt stark: Tandem-Texten

Der Mensch hat einen freien Willen. Er ist vernünftig. Er weiß, was er tut. Und was er tut, kann er gut begründen.
Mit diesem Ideal-Bild werden wir groß. Danach werden wir in der Schule erzogen und im Beruf geformt. Begründung ist alles. Wer eine Entscheidung nicht begründen kann, handelt kopflos.

Fakt ist jedoch, dass wir zumeist erst emotional reagieren. Und dann dafür eine Begründung finden. Wir rationalisieren unsere emotionale Entscheidung.

In der Hirnforschung vertreten inzwischen einzelne Wissenschaftler sogar die These, dass wir – grob vereinfacht – überhaupt nicht Herr unseres Willens sind. Dass Entscheidungen zuerst von einer Instanz außerhalb unseres bewussten Willens getroffen werden, wir aber unmittelbar darauf das Gefühl haben, sie entsprächen unserem freien Willen.

Was auch immer davon zutrifft, eines ist sicherlich richtig: Durch unsere Erziehung, durch Schule und Beruf haben wir oft verlernt, zu unserer emotionalen, unserer spielerischen und unkontrollierten Seite in uns zu stehen. Im schlechtesten Fall unterdrücken wir sie ganz und erlauben uns nur kontrollierte, vernünftige Reaktionen. Im günstigsten Fall akzeptieren wir sie als unser Bauchgefühl.

Dabei ist diese spielerische, unkontrollierte Seite unser größtes Vermögen. Ihr entspringen unsere originellsten Ideen, unsere Kreativität, unsere emotionale Fähigkeit, andere zu begeistern.
Wenn wir Menschen mitnehmen wollen in eine Geschichte, eine Erlebniswelt, dann müssen wir beides in ihnen zum Klingen bringen: Die emotionale Identifikation. Und ihre Bestätigung im Kopf.

Nur wenn wir Kopf, Bauch und – zusätzlich – das Herz ansprechen, werden wir in unserer Kommunikation erfolgreich sein. Das Herz symbolisiert hier die entscheidende Vermittlung der Werte, die uns bewegen. Im Idealfall schafft und hält das Herz die Einheit zwischen der Rationalität des Kopfes und den Emotionen des Bauches.

Pflegen Sie deshalb beides:
Das professionelle Handwerkszeug der Arbeitsweise, die nachweisbare Erfolge bringt.
Und die Techniken, die Ihre emotionale Seite unterstützen und Ihre Kreativität befreien.

Wenn Sie in dieser Balance mit allen Kräften im Tandem texten, dann werden Ihre Texte zum Wirkungstext. Weil sie rational und emotional Ihre Zielgruppen mitnehmen. Gleichgültig, ob Sie nun beruflich oder privat mehr Wirkung mit Ihren Worten erzielen wollen.

Vielleicht gibt Ihnen das auch einen Mehrwert, der insgesamt Ihre persönliche Balance im Leben unterstützt. Wie auch immer: Mit der Freude an dieser Balance wird auch Ihr Erfolg wachsen. Viel Spaß!

Mit allen Kräften texten – darf ich Ihnen Ihr Team vorstellen?

Auch wenn Sie allein arbeiten, sind Sie nicht einsam. Denn eigentlich ist das Tandem eine ganze Gruppe. In Ihrer Persönlichkeit vereinigen sich die unterschiedlichsten Fähigkeiten und Sichtweisen. Mit diesen vielen Möglichkeiten haben Sie ein exzellentes Team, um auch sehr komplexe Aufgaben kreativ und erfolgreich zu lösen. Vorausgesetzt, Sie setzen dieses Team richtig ein. Richtig heißt, zur richtigen Zeit bei der richtigen Fragestellung.

Wir alle wissen, dass wir zwei Gehirnhälften haben, die unterschiedliche Funktionen übernehmen. Die eine Hälfte ist in der Regel mehr für den emotionalen Bereich, die andere mehr für den rationalen Bereich zuständig.

Aus der modernen Hirnforschung lernen wir jeden Tag neue interessante Fakten. Inzwischen wissen wir, dass bekannte Marken beim Betrachter das Belohnungszentrum im Gehirn aktivieren. Sie erzeugen ein gutes Gefühl und belegen damit das, was Marketingspezialisten schon immer behauptet haben: Dass eine bekannte und etablierte Marke der entscheidende Wert im Marketing ist. Marken wie CocaCola werden in ihrem Wert auf viele Milliarden Euro bzw. Dollar geschätzt. Ganze Unternehmen werden beispielsweise nur deshalb gekauft, weil sie über eine oder mehrere bekannte Marken verfügen.

So wichtig alle diese Detailinformationen sind – und wir lernen täglich dazu – hilft uns das bei unserer jetzigen Arbeit nicht so richtig weiter. Um das Wesen der Liebe begreifen zu können, bringt es wenig, sich mit der Weitung der Pupille, dem erhöhten Puls oder sonstigen Indikatoren zu befassen. Man muss schon selbst das Herzklopfen und die Schmetterlinge im Bauch erlebt haben, um zu wissen, was Liebe ist.

Halten wir uns also an die Institutionen, die sich schon lange mit der Komplexität des Menschen befassen. Zum Beispiel die katholische Kirche. Nicht umsonst nennt sie Vater, Sohn und Heiligen Geist. Und hat damit drei sehr wichtige Persönlichkeiten in uns selbst adressiert.

Oder nehmen Sie die Psychoanalyse. Freud spricht von Ich, Es und Über-Ich.

In der Gestalttherapie gibt es Übungen, in denen man im Gespräch mit einem imaginären Gegenüber immer wieder die Position in einem Kreis wechselt und damit jeweils neue Sichtweisen, neue Perspektiven aktiviert.

Aus meiner Sicht handelt es sich dabei um Techniken und Symbole, die uns dabei helfen sollen, die unterschiedlichen Persönlichkeiten, die verschiedenen Gefühle und Fähigkeiten in uns anzusprechen. Und sie natürlich auch miteinander zu versöhnen.

Denn häufig liegen wir mit uns selbst im Konflikt. Nichts verschleißt so viel Kraft wie ein Streit mit sich selbst. Vor allem dann, wenn er einem nicht bewusst ist.

In diesem Buch wurden bereits verschiedene Fähigkeiten angesprochen. Eine möchte ich jetzt noch benennen. Es ist die Schutzfunktion. Man könnte sie auch Verdrängung nennen.

Denn Texter sind wie alle Kreativen in einer sehr verletzlichen Position. Auf der einen Seite sollen sie völlig unbefangen, frei und spielerisch gute Ideen und ungewöhnliche Texte entwickeln.
Auf der anderen Seite müssen diese Texte dann vor Menschen bestehen, deren Denken oft in erster Linie durch Zahlen geprägt ist. Bei diesen Zusammentreffen prallen Welten aufeinander. Ein Prozess, der nicht immer schmerzfrei verläuft.

Dies ist aus meiner Sicht eine der schwierigsten Aufgaben von Textern: Trotz aller kaufmännischen Zwänge, trotz nüchterner Ertragsvorgaben und Marketingziele ihre spielerische Fantasie in einem Freiraum so zu behüten und zu beschützen, dass sie immer wieder neue und produktive Ergebnisse schafft.

Die Angst des Texters vor dem leeren Blatt

Liebe Leserin, lieber Leser, vorweg bitte ich Sie um Nachsicht, dass ich aus Gründen der Einfachheit in diesem Buch immer nur von **dem** Leser gesprochen habe. Natürlich meine ich damit immer Leserin und Leser, Texterin und Texter. Ich hoffe, dass Sie als emanzipierte Frau und Leserin damit keine Probleme haben.

Zurück zum leeren Blatt. Manchmal sind Herz und Kopf voller Ideen, und es sprudelt nur so aus uns heraus. Wenn dem so ist, dann nutzen Sie die Gunst der kreativen Stunde. Fangen

Sie nicht an, diesen kreativen Quell mit unnötigen Überlegungen zu verstopfen. Schreiben Sie sich alles von der Seele, was Ihnen einfällt. Sortieren können Sie das später immer noch.

Vielleicht aber fällt Ihnen nichts ein. Denken Sie. Wahrscheinlich ist es eher so, dass Sie wohl Ideen haben, aber Sie meinen, sie sind nicht gut genug. Also grübeln Sie und wägen ab, haben einen neuen Gedanken und verwerfen ihn wieder. Wissen Sie, was Sie da gerade tun? Sie begehen die Todsünde eines kreativen Texters. Sie versuchen mit dem einen Fuß Gas zu geben, während Sie mit dem anderen Fuß voll auf der Bremse stehen. Sie verschleißen sich und vergeuden Ihre Kraft.

Die erste und wichtigste Regel lautet deshalb:

Trennen Sie die analytische von der kreativen Phase.

Also, Stufe 1: Nehmen Sie so viele Informationen auf, wie Sie bekommen können. Ihr Hirn ist clever genug, unbewusst das Wichtige vom Unwichtigen zu trennen. Informieren Sie sich über jedes Detail, über jede Fragestellung. Wenn Ihnen dabei ein Gedanke kommt – und sei er noch so abwegig – sofort zu Papier bringen! Sie werden sich wundern, was Sie davon später noch gebrauchen können – vielleicht auch in einem ganz anderen Zusammenhang. In der Briefing-Phase können Sie gar nicht analytisch genug sein. Wenn Sie nachher trainiert sind, werden Sie aber merken, dass Ihr kreatives Alter Ego ebenfalls munter neben Ihnen hertrabt und voll bei der Sache ist. Manchmal habe ich in Briefing-Gesprächen mit Kunden schon die entscheidenden Ansätze für das spätere Konzept entwickelt. Je enger Bauch und Kopf zusammenarbeiten, desto besser wird das Resultat.

Wenn Sie die analytische Phase abgeschlossen haben, wenn Sie Copy-Plattform und das schriftliche Briefing fertiggestellt haben: Legen Sie das Papier beiseite und lassen Sie die Inhalte sacken. Ich persönlich habe hervorragende Erfahrungen damit gemacht, über diese Stufe eine Nacht zu schlafen und dann am nächsten Tag mit der kreativen Phase zu beginnen.

Jetzt vergessen Sie zuerst alles, was Ihnen der Kunde gesagt hat. Entscheidend ist nicht, wo Sie einsteigen. Sondern wie.

Wenn Sie am Anfang zu sehr an den Vorgaben des Kundenbriefings kleben, fesseln Sie sich nur selbst. Wahrscheinlich sollen Sie ein Produkt verkaufen, das sich nur marginal von Wettbewerbsprodukten unterscheidet. Zum Beispiel vielleicht einen Maschendraht, der eine um 10 Prozent dickere Kunststoff-Ummantelung hat. Was dann einen kaum sichtbaren Unterschied ausmacht.

Oder Sie müssen die Vorzüge einer Waschmaschine herausstellen, die einen besonders sanften Schongang hat.

Wie auch immer. Solche sachlichen Argumente gut formulieren, das kann der Kunde im Prinzip auch selbst. Was ein Produkt stark macht und eigentlich erst zum Leben erweckt, ist die faszinierende Geschichte. Also brauchen Sie den Einstieg in eine schöne Geschichte. Und da ist Fantasie, ist spielerisches Experimentieren gefragt.

Am besten begeben Sie sich in die Zeit zurück, als für Sie die Welt noch voll von bunten Geschichten war. Nachts lauerten die Kobolde unter dem Bett, die Feen schwebten am Fenster vorbei, und ein Schutzengel oder ein Freund in der Gestalt eines Teddybären bewachte Ihren Schlaf.

Was Sie brauchen, ist also eine schöne Geschichte. Bleiben wir beim Zaun als Beispiel. Was tut ein Zaun? Er hält fern, er schützt, er kann allerdings auch gefangen halten. Je nach Blickwinkel. Stellen Sie sich nun vor, was Sie gerne behüten möchten. Ihr Meerschweinchen? Ihren edlen Araber-Hengst? Ihre kleinen Kinder, die durch den Garten tollen sollen, ohne in das nachbarliche Schwimmbad zu fallen?
Oder wovor haben Sie Angst? Vor Stieren? Vor bösen Hunden? Vor Einbrechern?

Nun haben Sie schon einige Geschichten auf dem Tisch liegen. Welche ist am schönsten, am edelsten, am überzeugendsten? Der Zaun, der alles Böse dieser Welt draußen hält und all das schützt, was Ihnen lieb und teuer ist? Der Zaun, der stärker ist als die Zähne einer Bulldogge, die Zange eines Einbrechers? Oder ist es der Zaun, der durch seine neue Beschichtung so lange hält, bis Ihre Kinder wohlbehalten das Haus verlassen haben? Der Zaun, der Ihnen ein Kindermädchen ersetzt? Oder der so wertbeständig ist wie Ihr Haus? Diese Geschichten sind vielleicht zu weit hergeholt, aber es sind ja auch nur Beispiele. Denn jetzt sind Sie da, wo Sie sein sollen. Wo Sie reiche Beute machen werden, weil es dort ganz viele weitere schöne Geschichten gibt: nämlich frei im Reich Ihrer Fantasie. Dort werden Sie auch eine Geschichte finden, die diesen Zaun einzigartig macht. Weil deren Happy End genau den Punkt trifft, auf den es den Käufern ankommt.

Denken Sie ganzheitlich: Denken Sie in Storys

Verlieren Sie sich nicht in einzelnen Argumenten. Finden Sie zuerst eine ganzheitliche Story, die Ihrer Zielgruppe einen Mehrwert geben kann. Wenn Sie diese Story gefunden haben, verfügen Sie über den Schlüssel zu einer ganzen Erlebniswelt. Die gute Headline kommt dann fast von selbst.

Nehmen wir ein einfaches Beispiel, das Sie wahrscheinlich kennen: Einen Fielmann-TV-Spot. Zwei alte Freunde sitzen an einem See und blicken sinnend auf das Wasser. Fragt der eine Freund den anderen: „Wenn du noch einmal jung wärst, würdest du etwas anders machen?" Antwortet der anderen mit einem immer breiter werdenden Grinsen: „Ich würde mir früher eine Brille bei Fielmann kaufen." Jetzt lachen beide – in dem guten Gefühl, in ihrem Leben alles richtig gemacht zu haben. Einschließlich Fielmann.

Beurlauben Sie Ihren inneren Zensor

Und geben Sie damit Ihrer Kreativität den nötigen Freiraum. Viele Werber machen den Fehler, dass sie die kreative Phase nicht von der selektiven Phase trennen. Jede Idee, die bei ihnen keimt, wird sofort kritisch hinterfragt, ob sie wohl gut und richtig ist. Das Ergebnis: Ladehemmung im kreativen Prozess.

Eine einfache und sehr erfolgreiche Regel: Entwickeln Sie an einem Tag Ideen. Und beurteilen Sie sie erst am nächsten Tag. Also ein Tag freies Spinnen. Und am nächsten Tag kontrolliertes Beurteilen.

Sie werden merken, wie gut das Ihren Ideen und Ihrem Erfolg tut.

Hüten Sie sich vor selbst gestellten Fallen: Spielereien, Witzchen, falschen Ansprüchen

Mancher Texter fühlt sich als verkannter Schriftsteller. Das macht nichts. Sich das jedoch selbst nicht klarzumachen, ist gefährlich.

Bei einem Schriftsteller ist der Text das Endprodukt. Bei einem Werber ist der Text die Brücke zum Produkt, er hat dienende Funktion. Wer das als Konzeptioner und Texter vergisst, bekommt sehr häufig Probleme mit seinen Kunden. L'art pour l'art ist in der Werbung ein eher auslaufendes Modell.

Viele frühere und heutige Schriftsteller haben für die Werbung gearbeitet. Wenn Ihre Texte so brillant sind, dass man Sie auch als Schriftsteller akzeptiert, ist das schön für Sie. Nur lesen Sie dann möglicherweise gerade das falsche Buch.

Noch ein paar einfache Tipps: Bevor Sie Witze, Wortspiele oder englische Begriffe verwenden, überlegen Sie sich das drei Mal. Nichts wird so sehr überschätzt wie der Humor der Konsumenten und ihre Fähigkeit, englische Begriffe oder gar Slogans richtig zu verstehen.
Take a walk on the safe side, copywriter.
Business is still wild enough.

Werbung soll ihrer Zeit voraus sein. Aber nur ein wenig

Mit wirksamer Werbung sind Sie meist Ihrer Zeit ein wenig voraus. Werbung schmückt den Alltag und überhöht seine Allerwelts-Produkte. Aber lassen Sie bitte Maß walten. Sonst verliert Ihre Werbung Bodenhaftung und Glaubwürdigkeit. Oder, noch schlimmer: Sie deckt Mängel auf, die vorher kaum jemandem bewusst waren. Ein Beispiel dafür ist diese in Aussage und Handwerk wirklich erstrangige Anzeige. Die Headline in bester Doppeldeutigkeit, die Illustration auf einem Top-Level. Nach meiner Erinnerung wurde die Anzeige in der zweiten Hälfte der 90er-Jahre geschaltet. Nur ganz kurz, dann nicht mehr. Sicherlich war diese Anzeige der Entwicklung der damaligen Automobile zu weit voraus. Und nichts ist so gefährlich wie eine Werbung, die mehr verspricht, als das Produkt halten kann.

Abbildung 15: „Ein Auto darf nicht die Welt kosten."

Personalisieren Sie ein Produkt

Erfolgreiche Werbung besteht in der Kunst zu bewirken, dass Menschen zu einer ihnen eigentlich unbekannten Sache ein persönliches Verhältnis aufbauen. Werbung macht aus einem ursprünglich seelenlosen Objekt einen guten Bekannten.

Bleiben wir bei der Waschmaschine im vorherigen Kapitel. Stellen Sie sich vor, Sie sind ein Hemd und sollen in einer herkömmlichen Waschmaschine gewaschen werden. Eine Tortur, vor der Ihnen schaudert. Erst ersaufen Sie in der Waschbrühe, dann wird Ihnen die Seele aus dem Leib geschleudert. Hinterher ist jede Faser staubtrocken und hart und knarrt bei jeder Bewegung.

Doch nun gibt es eine neue Waschmaschine. Die Sie als Hemd freundlich begrüßt. Sie mit leisen, wiegenden Drehungen von allen Seiten vorsichtig durchflutet, Sie hinterher mit vorsichtigem Tupfen entfeuchtet und Sie geglättet und frisch duftend aus dem Waschgang entlässt. Was für eine Freude, was für eine Schonung ...

Sich selbst in die Situation eines Produktes, eines Menschen oder eines Verfahrens zu versetzen, ist eine sehr gute Kreativitäts-Technik, um neue Ideen zu produzieren.

Geizen Sie mit jedem Wort. Auch beim Story-Telling

Story-Telling war ursprünglich eine Bezeichnung für besonders ausführliche, erzählende Werbung. Story-Telling als handwerkliche Textform ist an sich weder positiv noch negativ.

Entscheidend ist, was man damit bezweckt. Jede Story muss attraktiv und schlüssig sein – gleichgültig, wie lang oder wie kurz sie ist. Grundsätzlich gilt: Je größer das Bedürfnis nach Information in Ihrer Zielgruppe ist, desto mehr Zeit können Sie dieser Zielgruppe abverlangen. Naturgemäß wird sich ein Hauskäufer bei seiner Information viel mehr Zeit nehmen als der Käufer eines Paars Socken.

Dennoch gilt auch hier die neue KISS-Formel für den Wirkungstext:

Keep it simple and s l i m!

Story-Selling

Gute Verkäufer verkaufen kein Produkt. Gute Verkäufer verkaufen eine Story. Und diese Story mündet in das Produkt.

Das ist die Hohe Schule für Verkauf und Werbung: für ein Angebot eine Story zu entwickeln, die die Qualität und Einzigartigkeit des Angebots „beweist".

Der Glaube versetzt Berge. Das sagt schon die Bibel. Viele Wirtschaftsbereiche leben davon. Beileibe nicht nur die Homöopathie.

Viele von Ihnen werden über die Untersuchungen und Experimente gelesen haben, in der die Wirkung von Placebos belegt werden. Tabletten mit völlig wirkungslosen Substanzen, die genauso gut oder fast so gut gegen Schmerzen wirken wie echte Medikamente. Scheinoperationen, die zu einer bemerkenswerten Verbesserung des Befindens des Patienten führen.

Wir glauben, was wir glauben wollen. Vor allem das, was uns plausibel erscheint.

Es gibt große und bedeutende Markenhersteller, die in jeder Werbung mit solch einem plausiblen Beweis arbeiten. Die überlegene Saugkraft von Windeln wird mit blauer Flüssigkeit demonstriert. Die schonende Nachgiebigkeit einer Zahnbürste demonstriert der Zahnarzt an einer Tomate. Je abstrakter und weniger greifbar Produkte werden, desto stärker bedürfen sie der plausiblen Story.

Gold muss sicher sein und wird im Wert steigen, weil es nicht unendlich vermehrbar ist. Theoretisch ist die Story richtig. Wenn dann die Inflationsangst nachlässt und der Goldpreis genauso schnell nach unten wandert, wie er vorher gestiegen ist, bewirbt man dann schon wieder einen anderen Sachwert.

Findige Immobilienverkäufer haben inzwischen das „Betongold" entwickelt. Immobilien als Schutz gegen Geldentwertung. Klingt unheimlich plausibel, verfehlt aber leider etwas die Realität. Immobilien sind da stabil oder steigen im Wert, wo die wirtschaftliche Entwicklung einer Region stabil oder wachsend ist. Wo nicht, sinken Immobilien sogar schon ohne Inflation im Wert. Alle Untersuchungen belegen, dass der Wert von Immobilien also nicht von der Geldentwertung, sondern von der wirtschaftlichen Entwicklung einer Region geprägt wird.
Wie wichtig gute Verkaufs-Storys sind, erfuhr ich von einem meiner ersten Kunden. Eine große, international agierende Verkaufs-Organisation von Orient-Teppichen hatte für ihre zum Teil sehr teuren Teppiche eine alternative Verkaufs-Story entwickelt. Statt feiner Teppich-Geschäfte in guten Lagen wurden bevorzugt in großen Häfen ganze Lagerhäuser angemietet und mit Teppichen gefüllt. Tausende von Teppichen

lagen scheinbar lieblos übereinander und warteten auf den Käufer, der „sein" Schmuckstück entdeckt und es wegen des scheinbar so günstigen Preises als Schnäppchen erwirbt.

Orient-Teppiche hatten seinerzeit schon den Höhepunkt in der allgemeinen Wertschätzung überschritten. Sie waren aber dennoch noch ein äußerst lukratives Geschäft. Fragte ich den Geschäftsführer der deutschen Niederlassung, welchen echten Wert denn dieser oder jener Teppich hatte, so schaute er mich mitleidig an und sagte: „Das weiß ich nicht. Der Teppich hat genau den Preis, den ein Kunde für ihn zahlen möchte." Und genauso war es.

Die Story war in diesem Fall der Geheimtipp des preiswerten, großen Lagerhauses im Hafen, in dem man besonders günstig schöne Teppiche erstehen konnte. Aber in Düsseldorf funktionierte die Story nicht. Denn Düsseldorf hatte keinen Hafen, der diesen Namen verdiente. Der Reiz des Geheimnisvollen, des möglicherweise auch Illegalen wie in Rotterdam oder anderen internationalen Häfen funktionierte hier nicht.

Trotz unseres schönen Slogans „Der Kenner kauft im Hafen" blieb die Story wirkungslos. Erst Jahre später funktionierte sie dann als „Medienhafen".

Der „Medienhafen" ist heute einer der attraktivsten Standorte in Düsseldorf. Und verströmt jetzt auch den Zauber der großen weiten Welt.

Ich schildere Ihnen das hier so ausführlich, weil ich Sie nochmals für die Briefing-Analyse begeistern will. Seien Sie wie ein Trüffelschwein, das an den richtigen Standorten wühlt. Scheinbare Banalitäten im Briefing bieten plötzlich Ansatzpunkte für ganz interessante Storys, die dem Produkt eine völlig neue Wertigkeit und Attraktivität geben. Wie beim Goldwaschen kommt es allerdings nicht nur darauf an, das Geröll zu sieben, sondern man muss auch die Nuggets erkennen.

Entwickeln Sie eine Story, bevor es ein anderer tut

Wenn ich von den politischen Mitbewerbern der FDP den Auftrag erhalten hätte, eines der Hauptanliegen der Partei zu desavouieren, nämlich die Gesundheitsreform, hätte mir kaum ein schädlicheres Wort als der Begriff Kopfpauschale einfallen können. Der Begriff Kopfpauschale erinnert an Kopfprämie, die für das Aufgreifen von Gesetzlosen im Wilden Westen bezahlt wurde – tot oder lebendig. Kopfpauschale klingt so unsozial, so brutal belastet, dass sie das Vorhaben per se denunziert.

Genau das gegenteilige, positive Beispiel bringt die Krankenkasse, die sich als die „Gesundheitskasse" profiliert. Eine selbsterklärende Alleinstellung, die einen neuen Gattungsnutzen schafft. Kurz und sehr wirksam.

Wenn Sie Lust auf eine kleine Praxisübung zur Auflockerung haben: Entwickeln Sie bitte einen Alternativ-Namen für „Jägerschnitzel". Es besteht ja auch nicht aus paniertem Jäger.

Viele schöne Beispiele bietet auch die Finanzbranche. Es gelingt ihr, Derivate in allen Variationen mit den unterschiedlichsten Storys zu verkaufen. Die Storys sind so überzeugend, dass die Käufer augenscheinlich etwas erwerben, was sie meist nicht verstehen. Ob alle Banker wissen, was sie da verkaufen, wird inzwischen ja auch infrage gestellt.

Unabhängig von dem dramatischen Effekt, den diese Verkäufe letztendlich hatten, zeigt dies sehr anschaulich, wie stark Menschen auf plausible Storys ansprechen – und dabei sogar bereit sind, ihr gutes Geld zu riskieren.

Sie werden auf fast jedem Markt Beispiele für solch gelungenes Story-Selling finden – aber auch Beispiele für das krasse Gegenteil. Für Kommunikation, die Ängste und Vorurteile negativ verstärkt, statt sie zu lösen.

Finden Sie Gemeinsamkeiten mit Ihrem Leser

Bei Verkaufsgesprächen benutzt man die Technik des „Spiegelns". Man nimmt dieselbe Haltung wie der Kunde ein, benutzt seine Wortwahl und spiegelt seine Körpersprache – natürlich ohne den Kunden sklavisch nachzuäffen. Wenn man die Zielgruppe und ihre Sprache gut kennt, kann man natürlich eine solche Basis auch sprachlich herstellen. Nichts verbindet Menschen so sehr wie gemeinsame Werte.

Mit dieser Technik stellt man eine emotionale Gemeinsamkeit her. Eine Sympathie-Plattform. Untersuchungen haben beispielsweise ergeben: Wenn ein Kellner/eine Kellnerin die Bestellung des Kunden wortwörtlich bis zum Ende wiederholt, erhält er bzw. sie im Durchschnitt 60 Prozent mehr Trinkgeld. Dies ist eigentlich nicht verwunderlich. Schließlich hört man nichts so gerne wie die eigenen Worte. Noch besser: Den eigenen Namen. Deshalb ist es im Direkt-Marketing wichtig, den Empfänger namentlich direkt anzusprechen. Man schafft dadurch auch in einem Massen-Brief eine persönliche und individuelle Basis.

Noch eine andere Technik hilft weiter: Die sogenannte „Ja-Kette". Das Vorgehen ist einfach: Man spricht Überzeugungen an, die von der Zielperson geteilt werden. Wenn man das zwei oder drei Mal hintereinander tut, gerät der Gesprächspartner/Leser in einen Zustimmungs-Rhythmus. Hat man als Basis dieses Einverständnis geschaffen, ist es leichter, beim Leser/Hörer/Zuschauer auch Einverständnis für das nachfolgende Angebot zu bekommen.

Diese Gemeinsamkeiten machen Ihre Kommunikation stark. Wir alle sind höchst emotionale Wesen. Ein Großteil aller Zustimmungen oder Ablehnungen erfolgt nicht aufgrund von rationalen Überlegungen, sondern als Folge von emotionaler Sympathie oder Antipathie.

Gleich und Gleich gesellt sich eben gern. Das gilt auch im Marketing.

Einige interessante Bücher

Professionelles Briefing – Marketing und Kommunikation mit Substanz von Klaus Schmidbauer. Göttingen 2007.

Wie Werbung wirkt. Erkenntnisse des Neuromarketing von Dirk Held und Christian Scheier. Freiburg 2006.

Die Sahneschnitte von Armin Reins und Veronika Claßen. Mainz 2010.

Corporate Language: Wie Sprache über Erfolg oder Misserfolg von Marken und Unternehmen entscheidet von Armin Reins. Mainz 2006.

Perfekt schreiben von Markus Reiter und Steffen Sommer. München 2009.

Die 22 unumstößlichen Gebote im Marketing von Al Ries und Jack Trout. Berlin 2001.

Dialogmethode. Das Verkaufsgespräch per Brief und Antwortkarte von Siegfried Vögele. Heidelberg 2002.

Sag es treffender von A. M. Textor. Reinbek 2002.

Drei Klassiker, die das heutige Verständnis der Werbung entscheidend geprägt haben. (Antiquarisch)

Propaganda. Meine Lebensarbeit von Claude C. Hopkins. Hamburg 1978.

Strategie im Reich der Wünsche von Ernest Dichter. München 1964.

Werbung ohne Mythos von Rosser Reeves. München 1969.

Kommunikation verkaufen

Elke Fleing
Kommunikation verkaufen
[Marketing, Design, Text]
Realistisch kalkulieren – klare Angebote erstellen – erfolgreich verhandeln
Februar 2012
ISBN 978-3-86980-164-3
Preis: 17,90 € • 18,50 € [A] • 32,90 CHF (UVP)
Art.-Nr. 875
www.BusinessVillage.de/bl/875

Das Praxisbuch für Kontakter, Konzeptioner, Texter, Grafiker, Fotografen, Illustratoren, Programmierer, Webdesigner, Audio- und Video-Worker.

Gute Aufträge zu angeln ist neben deren Abarbeitung die wichtigste Beschäftigung für Freelancer und Selbstständige. Viele Freie beherrschen ihr Kerngeschäft zwar aus dem Effeff, doch bei Akquise, Kalkulation oder gar Auftrags-Verhandlungen fühlen sie sich unsicher. Schlecht fürs Geschäft ...

Dieses Praxisbuch hilft dabei, souverän und erfolgreich neue Aufträge an Land zu ziehen.

Elke Fleing, Expertin in Sachen Positionierung und Unternehmenskommunikation, zeigt, wie man das eigene Leistungsangebot kommuniziert, Angebote erstellt, die besten Aufträge auswählt, geschickt verhandelt und konstruktiv mit Absagen umgeht.

www.BusinessVillage.de